職場不能

「活在當下」

怎麼成為就業市場需要的人才？
哪種行業是夕陽產業？
擺脫社會小白的想法，你該懂的 「職」 識！

戴譯凡，廖康強──── 著

對事業懷有過於美好的幻想，工作之後發現全是假象？
以為自己懷才不遇，有可能只是你被放到錯誤的領域！
不適任、不適應……最後聽到：「很抱歉，也許你不適合這個職位！」
職能專業性 × 職務一貫性 × 性格匹配性
從踏入社會開始走好每一步，邁向人生勝利組！

目 錄

3

目錄

第五章　提升自己的能力

目錄

第八章　退休前，為自己回歸家庭做準備

目錄

序

　　許多人把職場想像的非常美好，這種想法就會讓你在無形當中提升對職場的期望，如果你沒有規劃好你的職涯，心裡再對職場存在著那些不切實際的美好幻想，那麼你就會遇到很多難題：比如工作不像自己當初想像的那麼好，就會非常不開心，工作就沒有了動力，自己的才能就沒辦法發揮出來，最後就會有一種想法：這份工作壓根就不適合自己。

　　曾經看過這樣一個小故事：

　　有一棵橘子樹，它終於結果了：

　　第一年，它結了 10 個橘子，被人拿走了 9 個，自己只得到 1 個，對於這樣的結果，橘子非常不滿意，於是它自斷經脈，不再讓自己繼續生長，到了第二年，它只結了 5 個橘子，結果被拿走了 4 個，自己只得到了 1 個，對於這樣的結果，這棵橘子樹心理平衡多了，它覺得：自己去年只得到 10%，今年得到了 20%，賺了一倍呢！

　　其實這棵橘子樹完全可以讓自己繼續茁壯的成長，到第三年，它結 100 個橘子，就有可能被拿走 90 個，自己就可以得到 10 個了，也許它會被拿走 99 個，自己還是得到 1 個，但是它還是可以繼續成長的，幾年後，它可以結 1,000 個橘子了，其實這棵橘子樹可以結多少個橘子並不重要，重要的

序

是它一直在成長，等它長成參天大樹時，那些阻礙它成長的力量就顯得非常渺小了，由此可見，別在乎自己一時的得失，成長才是最重要的。

對比橘子樹的故事，審視一下你自己，你有沒有和橘子樹選擇同樣的做法？當你初入職場時總覺得自己才華橫溢，一定會受到老闆的重用，結果現實卻給你潑冷水，你為公司做了很多事，卻沒有得到老闆的注意，更沒有得到任何實惠，就像那棵橘子樹一樣，結出了那麼多橘子，自己卻只能享受到一小部分，於是你開始心灰意冷，最終下定決心不再那麼努力，覺得自己做得再好自己得到的卻不會增多，然而幾年過去後，你會反省到自己早已沒有初入職場時那份熱情和才幹了。

這一切都是因為你太在乎一時的得失，卻忘記了自己的成長才是最重要的，所以，在職場上就算一時沒有得到重用，也要提醒自己不管遇到什麼事情，都要堅持的走下去，因為你需要成長起來。

對於一個有抱負的員工來說，要把職場當做自己的事業來做，利用各種機會來增強自己的才幹，把工作當成是自己學習和成長的機會，在工作中兢兢業業，強烈的敬業精神就會把你引導上成功的良性軌道上去，幫助你實現自己的人生夢想。

職場規畫，是你邁向成功的第一步，本書從一個職場新人初入職場到在職場中打滾磨練，一共分八個階段，由多個豐富多元的案例和扎實系統的理論緊密結合而成，把複雜的職場生涯盡量簡單化，讓大家對職場規畫能有一個更加深刻的認知和了解，你可以從案例中找到自己的影子，深入的分析可以幫你更好的看清自己，找到自己的職場定位，從而對未來的職場生涯有一個合理的規畫，對將來的道路不再迷茫，對自己的人生負起責任，創建自己的人生幸福。

序

第一章
充分的了解自己

　　自我了解一般要從性格、興趣、愛好等方面分析，而身為一名職場人，更要站在職場的角度分析自己，判斷自己的工作能力，清楚自己的工作狀況，只有這樣，才能算得上真正的自我了解，也只有真正的了解自己，才能為自己建立起一個完整的自我價值體系。

第一章　充分的了解自己

正確的了解自己

　　了解自己對一個人來說非常重要，只有正確的了解自己，才能夠對自己充滿信心，對未來有一個明確的奮鬥目標，使自己的人生航行不迷失方向，並能信心百倍的為這個目標和理想努力奮鬥。

　　由於很多人根本就不清楚自己的專職是什麼，所以，在工作上不能做到盡職盡責，也無法適應他們的工作，之所以會出現這些情況，就是因為這些人都沒有真正的了解自己。

　　刻在古西臘德爾菲神廟裡的太陽神阿波羅（Apollo）的神諭這樣說：「人，了解你自己！」古代的老子也這樣說過：「自知者明！」

　　也許很多人都覺得「了解自己」這個問題根本就不必考慮，總覺得自己是最了解自己的人，可事實真的是這樣嗎？

　　女性朋友可能會有這種經歷，在服裝店或商場裡買回來的衣服，當時好像很喜歡，可回到家到卻發現自己並沒有那麼喜歡，當時的購買行為完全是因為銷售人員或隨行的朋友一再的稱讚，好像並不是為自己買的，而是為了別人的喜好買的。

　　我們小時候努力學習，不一定是為了自己在班上能讓老師同學喜歡，或考一個好的學校，更多的則是可以滿足父母的期望；畢業後找工作又能符合他人和社會的期待。所以

說，我們好像做任何事都是在為了別人對自己的影響，從來沒有靜下心來仔細的想過真實的自己到底是什麼樣的。

了解自己是一個非常重要的問題，它可以影響到你未來的規畫，你根本沒辦法踰越它，所以，你必須去解決它，這樣才能保證你的未來發展順暢。

遺傳學家的研究顯示：人的體內有一對基因決定了人的正常和中等的智力，另外還有五對基因決定了人的特殊天賦，可以降低智力，也可以提升智力。

人的這五對次要基因總有一兩對是好的，就是說一般人在特定的方面可能有良好的天賦和素養，繼而靠這一點取得成功，所以，你要找出自己的天賦，並把它挖掘出來，充分的利用。而要做到這一點，首先就要學會了解你自己。

鏡子可以讓你看清自己的面貌，但在遠古時候，是沒有鏡子的，古人為了可以看清自己，就在平靜的水面上發現了自己的倒影，這就是大自然的第一面鏡子，後來，人們又經過不斷的實驗和努力，發明了青銅鏡和玻璃鏡等可以更清晰的看清自己的鏡子，但這些鏡子多麼清晰，也只能讓我們看到自己的形體，而如果人類把看清自己只停留在形體上的話，那和別的動物有什麼區別呢？

亞當斯密說，「一個人類如果在一個孤獨的地方長大，沒有和同類來往，他也許也不會想到自己的性情，不會想到

第一章　充分的了解自己

自己的言行舉止是否適當正確，所有的這一切都是他不能輕易看到的對象，因為他沒有把它們顯現在鏡子裡，而當他走上社會時，就能找到他需要的鏡子了。」

所以，你要做的事情就是要找到自己的那面鏡子，從鏡子中看清自己的真實情況，讓自己充分的認清自己。

每個人都有優點和長處，這些優點和長處就是你成功的關鍵，只有清楚的了解到這些，知道自己在哪個領域可以獲得發展的機會，才能邁向成功，實現自己的抱負，反之，如果你看不到自己的優點和長處，就無處施展你的才能，那麼就更談不到成功了。

珍·古德對自己的了解非常客觀清醒，她知道自己沒有過人的才智，但是卻對研究野生動物有著深厚的興趣，並且具有超凡的毅力，而這兩點對這一行業來說是非常重要的，所以，她當即決定以非洲森林裡考察黑猩猩，終於獲得了成功，成為一個頗有成就的科學家。

為了讓你的努力不會白費，一定要充分的了解自己，然後再確立自己未來的目標，才能揚長避短，更順利的走向成功。

很多人在沒有了解到自己的優點和特長時選擇了錯誤的行業，這樣不僅走了許多冤枉路，而且對自己身心的發展都沒有利，著名的精神病專家威廉·孟寧吉博士，在二戰期間

主持了美國陸軍精神病治療部門，他說：「我們在軍隊中挑選人才和安排工作的原則就是要讓適當的人去做適當的工作……最重要的是，要讓人相信他工作的重要性，如果一個人對他被安排的工作沒有興趣時，他就會覺得上級給自己安排了一個錯誤的職位，而且覺得自己在這個職位上並不受重用和欣賞，覺得自己的才能被埋沒了，在這種情況下，他就算沒有患精神病，也會埋下生病的種子。」

一個人如果選擇了自己並不擅長的行業，就不可能取得很大的成就。有一位詩人曾經寫過這樣一首詩評價隋煬帝和王安石：

隋煬不幸為天子，安石可憐作相公。

若使二人窮到老，一為名士一文雄。

隋煬帝楊廣有很高的藝術天賦，是個非常有才華的人，但不幸的是，他卻生在了帝王家，並且還當了皇帝，否則他一定會成為一代名家；王安石的文采出眾，可是卻當了宋朝的宰相，後來推行了王安石變法，結果卻失敗了，自己也被貶官，如果他從來沒有進入官場，一心鑽研文學創作，那一定會成為一代文豪，後代對他的評價會更高，所以說人一定要充分的了解到自己的特長，對自己有一個正確且清醒的認知，才能把自己真正的潛力發揮出來。

著名詩人歌德就是因為沒有了解自己的優點和長處，沒

第一章　充分的了解自己

有充分的了解自己，才浪費掉了 10 年的時間，這讓他非常後悔和惋惜，如果你沒有找到自己獨有的才華和優點，不僅會像歌德一樣，浪費掉自己的寶貴的時間，也浪費了上天給你的天賦。

李白曾經說過：「天生我才必有用」，在你身上肯定也有上天賦予的才華，只要你發現它，開發它，就能讓自己的才能和潛力發揮出來，而不是帶進墳墓，讓它成為你最為珍貴的財富，更快更穩的走向成功。

大膽表現自己

有一位哲人曾經這樣說過：「如果你有優異的才能卻沒有把它表現出來，就像一個商人把貨物藏在倉庫裡，顧客不知道你貨物的品質，怎麼會掏錢買呢？」

也許你才華橫溢，聰明睿智，但是，如果你不把這些表現出來，那麼你的才華除了你自己知道，就不會有別人知道了，所以讓別人看到你的成績，這才是給你最好的廣告，可能有很多人注重謙虛的品德，覺得「酒香不怕巷子深」，認為把自己的優點和才華主動表現出來是一種淺薄，而更喜歡深藏不露，不管自己多麼有才華都不敢表現出來，而是別人去發現自己。如果別人一直沒有發現呢，那麼你的才能就要一直被埋沒下去了，所以，在這個競爭激烈的社會，不要總

想著別人會把機會主動送到你的眼前，而要主動站在臺前亮出自己、展示自己、推銷自己，這樣才能獲得成功的機會。

有一戶人家養了一隻貓和一隻狗，狗特別勤快，每天主人家裡沒有人的時候，牠都會非常認真的來回巡視，有一點風吹草動也會跑過去看看怎麼回事，像個盡忠職守的警察一樣，兢兢業業的為主人看家護院，而當主人家裡有人時，牠就會稍稍鬆懈一些，有時甚至還會趴在地上睡一會，而貓呢，在主人家裡沒有人時，都會趴在地上睡覺，就算有幾隻老鼠在主人家裡橫行牠也不管，而主人家裡有人的時候，牠就會精神百倍的走來走去，好像在巡邏似的。由於主人只看得到牠在家時貓狗的表現，所以，牠認為貓是勤快的，而狗是懶惰的，但因為貓的不盡職責，主人家的老鼠越來越多，把好多東西都咬壞了，主人非常生氣，牠把家人召集起來說：「你們看，我們家的貓這麼勤快，老鼠居然還能這麼猖狂，我覺得一個非常重要的原因就是那隻懶狗，牠整天只知道睡覺，也不知道幫忙貓捉幾隻老鼠，我現在要把狗趕出去，大家有意見嗎？」家人紛紛贊同，於是，狗依依不捨的離開了家門，到這時，牠也不知道自己被趕走的原因。

當然了，我們給大家講這個小故事並不是要大家去向貓學習投機取巧，是想告訴大家在必要的時候要表現自己，我們付出了，取得了成績，就應該讓老闆知道，得到獎賞，使

自己的才華不被埋沒。

　　還有一個小故事，某天一個偏僻的小山村裡來了一輛車，這在這個小山村裡真是一件新鮮事，全村的人都圍過來看熱鬧。這時，從車上走下幾個人，其中一個身穿黑皮夾克的中年男人問圍觀的村裡人：「你們想不想演電影？誰想演請站出來！」一連問了好幾次，村民們都沒人敢出聲，大家都在和旁邊的人竊竊私語。

　　這時，一個十六七歲的小女孩站了出來說：「我想演。」這個女孩長得並不漂亮，單眼皮，臉蛋紅撲撲的，透出一股鄉村孩子的倔強和淳樸。中年男人問她：「你會唱歌嗎？」女孩大大方方地說：「會。」中年男人笑著說：「那你現在就唱一下！」「好！」女孩立刻就開口唱，還邊唱邊扭，村裡人大笑，因為她唱得實在不怎麼好，不光走音，而且唱到一半時還忘詞了。可是沒想到，中年男子用手一指：「好，就是你了！」

　　這個大膽表現自己的小女孩，她非常幸運地被大導演選中，在電影中出任女主角，並很快紅透了大江南北。

　　機會在每個人面前都是平等的，只是當機會出現在你面前時，有人遲疑了，結果就與它擦身而過；而有的人卻主動大膽的追求，於是贏得了機會的青睞，獲得了成功的前提。

　　古代有志之士常會自比為「千里馬」當他們碌碌無為的

度過一生後，就會抱怨自己一生沒有遇到伯樂，那麼，如果你認為自己是千里馬，為什麼非要在這裡等著伯樂的發現，而不是主動的找伯樂去推銷自己呢？

決定一個人成功的因素有很多，如個人才能、文化、頭腦、思維和工作經驗等，但是，在成功的最後一哩路，卻不能缺少表現力。

在一個摩天大樓的工地上，一個衣衫襤褸的青年向一位身著考究的大客戶請教：「我應該怎麼做，日後才能像你一樣富有？」

大客戶看了青年一眼，沒有直接回答他的問題，而是為他講了一個故事：「有三個工人在同一個工作上做事，三個人都非常努力，他們其中一個始終沒穿工地發的藍色工服。最後，他們三個人中，一個成了工頭，一個已經退休，而那個始終沒穿藍色工服的工人則成了建築公司的老闆。年輕人，你明白這個故事的意義了嗎？」

青年聽得一頭霧水，於是大客戶指著眼前那批正在工作的工人繼續對他說：「看見這些人了嗎？他們都是我的工人，但是，我不可能記住這麼多人的名字，甚至長相我都沒有印象，但是，你看他們中間那個穿紅色襯衫的年輕人，他不僅比別人做得更加賣力，而且經常早出晚歸，很努力加班，再加上那件紅襯衫，使他在這群工人中就顯得更加突

出，我現在就要去把他升為監工，年輕人，我就是這樣成功的，我除了努力工作，更懂得怎樣讓別人看到我的努力。」

不要認為你一個人在努力工作，其實別人也都在努力，所以，想要在一群努力的人中脫穎而出，除了要比別人做得更好之外，還要懂得把自己的努力表現出來，讓別人看到。

你的價值觀不是別人給的

人們談起價值觀可能會覺得它只是一個概念性的東西，和我們的現實生活和工作沒有什麼關係，.. 其實事實並非如此，價值觀的作用是非常大的，了解自己的價值觀。價值觀是一個人判斷一件事物是非善惡的信念體系，它不僅引導著你追尋你的理想，你生活中的各種大大小小的選擇都是由它決定的，從這個意義出發，我們的任何行為，都是自身價值觀的流露。是成功的關鍵因素之一，注重工作上成就的人，就會在事業上取得很大的成功，有的人注重休閒娛樂，就會輕鬆快樂的度過一生，注重地位的人，就會努力向上層的職位邁進。而且不同的價值觀決定了你在未來將會採取什麼樣的行動，為什麼樣的目標而奮鬥。

價值觀包括一個人對自由、幸福、自尊、誠實、服從、平等、金錢、家庭、朋友等事物的看法，它們在每個人心裡都有不一樣的位置，輕重主次都不相同，這種輕重主次的排

列，就構成了每個人不同的價值觀。雖然我們每個人都有自己的價值觀，而且做任何事都會多多少少的受到價值觀的影響，但是每個人頭腦中的價值觀卻不可能完全相同，有的時候你會為自己的價值觀付出代價，因為你被別人的價值觀影響了，所以，每個人都應該真正的認同自己的價值觀，不要在意別人的想法，堅持自己的人生道路，不被別人的價值觀所影響，從而獲得真正的幸福。

曾經聽說過這樣一件事：師範大學哲學系有一位研究生，成績非常優秀，老師對他寄予了很大的期望，覺得他以後一定是前途無量，但他卻放棄了繼續求學，因為他找到了一份待遇非常不錯的工作，在銀行的一家分行做行員，同時，這份工作還給了他穩定的收入。

當時他身邊的人都非常理解他的想法，而有的人卻為他感到可惜，認為她放棄了學業，只為了眼前的利益，是一種目光短淺的表現。

其實這些不同的看法，並沒有絕對的對錯，因為每個人的價值觀是不一樣的，所以他們做出的決定也不一樣，而價值觀的作用就是讓你知道你的生命裡什麼東西是最重要的，在你在兩個選擇中難以取捨時，正確的價值觀會幫你在兩相為難時做出選擇。要知道，相同的價值觀是需要相同的生活為基礎的，並且要有相同的思想做出決定，而這樣完全相同

第一章　充分的了解自己

的兩個人是不可能找到的，所以，不要希望別人和自己的價值觀相同，但也不要輕視自己的想法，從而受其他人的價值觀影響。

如果你在工作中遇到了巨大的困難和挫折，那麼你的價值觀就會幫你重新建立起信心，找到自信的理由，在工作的過程中，價值觀總是引導著你去追求你想要的東西，其實人生的終極意義，就是你的價值觀能否實現，不然你就會覺得生活的非常沒有意義，工作沒有熱情，還會影響到生活的各個方面。

那麼應該怎樣確立自己的價值觀，保證自己的價值觀不受他人的影響呢？

首先就是要對自己有信心，不要讓自己的價值觀輕易改變，客觀的判斷分析自己的想法是否是正確的，虛心的聽取別人的意見和建議，但是要把那些建議當成參考，正確的就接受，從而對自己的缺點和不足加以改進，不能認同的就要認真的思考，但絕不可以別人說什麼就覺得什麼是對的，或是完全不把別人說的話當回事。

世界上的成功者都不會單純地盲目的去做一件事情，他們總是從價值觀的角度來考慮和解決問題，他們會全面的審視自己的想法，在確認正確無誤後，果斷地去實施，而不是在眾人不同意見的中沒了主見，不知所措，不能只聽別人的

意見而盲從，也不要一概不聽別人的意見，一意孤行。

堅持自己的價值觀，還要注意一個原則，那就是在工作的過程中，不要讓自己的價值觀影響到整個團體，這樣才會對自己的事業有所幫助，沒有一個公司會喜歡反對企業價值觀的人，要在堅持自己的價值觀的基礎上擁護公司的核心價值觀。

價值觀是我們人生路上的指南針，有什麼樣的價值觀就會有什麼樣的人生，它會隨著我們年齡、環境和其他因素的改變而不斷的發生改變。想問題的角度也會發生變化，所以，擁有自己的價值觀是非常重要的，所以，要經常反省自己的價值觀，然後根據實際情況進行適當的調整，但是不管怎麼樣，每個人的時間是有限的，所以千萬不要被別人的價值觀所影響，迷失了自己的方向。

做自信的職場達人

一個人，只要擁有充分的自信，就算是再平凡的人，也可以做出驚人的事業來，而那些缺乏自信的人就算有再好的天賦，再出眾的才幹，也難以成就偉大的事業。

自信是一個人對自身能力的一種確信，相信自己一定可以把某件工作做好，完成自己的任務，達到自己的目標，在工作中好多人都是非常有工作能力的，但卻由於自己缺乏自

第一章　充分的了解自己

信，而不敢去面對行動，只有自信的人才能衝破一切困難險阻，敲開成功的大門。

有一個士兵給拿破崙送信，因為馬跑的太快了，結果到目的地之前摔了一跤，馬就死了，拿破崙收到信後，立刻就寫了回信，交給了那個士兵，看到士兵的馬死了，就把自己的馬讓給士兵騎，讓他迅速把信送回去。

那個士兵看著拿破崙的馬，這匹馬身上的裝飾非常華麗，於是想了想對拿破崙說：「將軍，這不可以，我只是個平凡的士兵，根本就不配騎這樣華麗的馬。」

拿破崙回答說：「世界上沒有任何一樣東西，是士兵不配擁有的。」不管你的才能大小，天賦高低，都有獲得成功的可能，因為成功是取決於堅定的自信，相信自己一定可以做到，就一定能成功；反之，沒有這份自信，就一定不會成功。

其實世界上有很多像這個士兵一樣的人，他們總覺得自己比別人差，別人擁有的一切，是一定不可能屬於自己的，是自己不配擁有的，是不可能與成功人士相提並論的，這種想法，會直接導致他們在工作和生活中不求上進、自甘墮落。

自信是一個人必須具備的能力，沒有自信的人是不會成功的，有科學家經過研究發表過這樣的觀點：按大黃蜂的生

理結構來看，牠是不可能飛起來的，因為牠的翅膀太小了，身體卻非常的肥胖，可是牠卻真的飛起來了，這是什麼原因呢？解釋這個原因的說法有很多，但有一種原因卻令人深思，那就是因為牠們的自信，所以才飛得起來。

有一個年輕人，他把全部的財產都投資到了自己的公司裡，由於金融危機的到來，他的公司受到影響，只好宣告破產了。他頃刻之間變成了一無所有的流浪漢，他沮喪到了極點，甚至想到過自殺。

有一位好心的老人見到他說：「孩子，我雖然很想幫助你，但卻無能為力，但我可以帶你去見一個人，他可以幫助你東山再起。」

這個年輕人一聽到老人說有人可以幫助自己，頓時充滿幹勁，他拉住老人的手激動地說：「誰？請您快帶我去見他。」

老人把他帶回了家，讓他站在高大的鏡子面前，用手指著鏡子說：「我要帶你見的就是這個人，在這世界上，只有這個人可以幫助你東山再起，你現在要做的，就是要重新了解這個人，如果你不能充分的了解他，那麼，你仍然會是個無家可歸的流浪漢。」

年輕人看著鏡子裡的自己，用手摸摸滿臉的鬍鬚，看著自己萎靡不振的樣子，流下淚來。

第一章　充分的了解自己

回到家後，他決定要改變自己，重拾信心，重塑形象，幾天之後，他找到了一份月薪三萬元的工作，接下來，他要開始賺錢，並計畫著幾年以內把自己的公司再開起來。

和金錢之類的資本相比，自信是最重要的東西，是人們從事任何事業最可靠的資本，自信能幫助人排除各種障礙克服種種困難，能使事業獲得完美的成功，有些人開始對自己有深層的了解，相信能夠成功，但是一遇到挫折就會退縮，這是因為自信心不夠堅定的原因，所以，只有自信心還是不夠的，還得使信心變的堅定，就算遇到再大的困難，也不能屈服，要勇往直前，不被一點小小的挫折所擊倒。

從那些有偉大成就的人物身上的性格特質可以總結出一個特點：這些人物在成功之前，總是具有充分信任自己能力的堅定的自信心，相信自己有朝一日一定會獲得成功，有了這種心態，在工作的時候就會全力以赴，破除一切的艱難險阻，直到成功。

著名的日本指揮家小澤征爾在參加世界指揮大獎賽時，打敗了很多來自各個國家的參賽選手，脫穎而出，順利進入決賽，在演出的過程中，他發現有一個不和諧的音符，起初，他還以為是自己聽錯了，這樣國際性的比賽怎麼會出現這種情況呢？評委會認真核對的呀？於是重新開始了一次，可結果仍然如此，他仍然聽到了那個不和諧的音符，此

時，他已經確定樂譜有問題了，於是他向在場的專家詢問，是不是樂譜有問題？可在場的專家向他保證樂譜是絕對沒有問題的，讓他繼續演奏，小澤征爾認真思考了一會兒，大喊一聲：「不，一定是樂譜錯了。」話音剛落，評委席中傳出一陣熱烈的掌聲，這次小小的事故其實是評委精心設計的，是在考驗演奏者，而無疑，小澤征爾的表現讓評委們非常滿意。

如果沒有自信，小澤征爾就會在權威的評委誤導下放棄自己的觀點，那麼他就和冠軍擦身而過了。由此可見，自信對一個人來說是多麼的重要，如果想成就一番事業就一定需要自信，有了自信才能產生無窮的勇氣和力量，有了這些，困難坎坷才有可能被戰勝，目標才可能達到。

瑪麗·科萊利曾經這樣說過：「如果我是一塊泥土，那我這塊泥土也是要留給勇敢的人來踐踏的。」如果在言行舉止上處處顯著自卑，任何時候都不相信自己，那麼也就得不到別人的信任。

上帝給了我們巨大的力量，就是要讓我們用這股力量去創造屬於自己的事業，屬於自己的天空的，在任何時候都不把自己的能力充分自信的展示出來，那麼對於你個人是一個損失，對於世界也是一個損失，所以，一定要有自信，用自信去創造屬於自己的未來。

▌不要低估了自己

富蘭克林曾說過這樣一句話：「如果你對自己沒有一個正確的定位，即使是寶貝，放錯了地方也是一堆廢物。」事實確是如此，許多人都是因為給了自己錯誤的定位，把自己放在了垃圾堆裡，自己才會成了垃圾，一生中只能在碌碌無為中度過，永遠不可能有什麼成就。

每個人都知道人的組成過程，父親的 23 個染色體和來自母親的 23 個染色體偶然結合組合在一起形成了一個人。其中每一個染色體就由幾百萬個基因組成，其中的一個基因發生了變化，你整個人也就變了。那麼就是說這個世界上誕生機率只有 300 萬億分之一；如果你有 300 萬億個兄弟姐妹，那麼你還是你，和他們總有不同的地方。

這是一件非常神奇的事，你擁有 300 萬億分之一的機率得到了生命，這本身就是一個讓人驚嘆的奇蹟！更不要說再把父親怎樣正好與你母親結合的機率加上去。因此我們沒有任何理由不重視自己。我們每個人都是世界上的一個新生事物，都呼吸著一份屬於自己的氧氣，占有一份屬於自己的空間，所以對自己要充分的自信。

再從精子和卵子的結合來看，3,000 萬至 2 億個精子中最終只有一個可以在這麼多的精子中脫穎而出，突破重重難關與卵子結合 —— 你知道千軍萬馬過獨木橋的樣子吧？這就

是精子的奮鬥歷程。而你就是這樣經過激烈的競爭和奮鬥才獲得最終的勝利的精子與卵子結合的產物！難道你還不認為自己是非常珍貴的嗎？

但是有一件事非常奇怪，大多數人都無法了解到這一點。有人做過一個有趣的問卷調查，其中有一個問題是這樣的：你最喜歡做誰？結果絕大多數人填的都是托爾斯泰、比爾蓋茲、巴菲特之類的名人，竟然沒有一個人填的是自己。托爾斯泰、比爾蓋茲、巴菲特之類的名人固然有他們的偉大之處，但你也應該發現自己的偉大之處，其實你身上也有許多別人渴望擁有的東西。你想做托爾斯泰、比爾蓋茲、巴菲特那樣的名人是永遠不可能的，就像他們永遠也不可能做你一樣，而你卻可以做你自己，而且要堅信自己，一定能做好自己。

就是說如果你要想擁有一個理想的人生，就要先站到屬於自己的位置上去，然後才可以確定前進的方向和目標，最後經過努力實現它，我們必須要好好的思考以下的這個問題，才能把我們對未來的想像變成現實：自己想要做什麼，希望將來過怎樣的生活，自己和別人和社會保持著一種什麼樣的優勢關係，在什麼狀態下對自己最滿意，其實就是說，怎樣給自己一個準確而又合理的定位。

可能對許多人來講，改變自我是非常痛苦和折磨人的

第一章　充分的了解自己

事，但是對那些下定決心要改變自身的劣勢的人來講，這是一種樂趣和幸福，因為他們都是在為自己的未來負責。

通用汽車的創始人威廉‧克拉波‧杜蘭特（William Crapo Durant），半個世紀前美國企業界的巨人。他之所以能夠取得不同尋常的成功，完全取決於兩個轉折點，運氣在兩個轉折點都發揮了重要作用。

第一個轉折點是在汽車工業問世之前，那時他還是個年輕人，沒有工作更沒有錢，但他始終深信自己生來就是世界上最優秀的推銷員。這時他非常需要一份推銷好產品的工作，只要別人願意出錢買，什麼產品都可以。有一天，他來到了密西根州的一座小鎮上，找到這座小鎮上一家銀行的經理洽談找工作的事，沒想到他想做的職位早被人捷足先登了。他特別沮喪灰心地走向火車站。這時他看見一輛四輪車向他駛了過來，司機讓他搭了便車。杜蘭特對這輛車進行了評價，稱自己從沒見過這種車。非常輕，也很結實，各方面的設計都很合理，車身也很漂亮。司機告訴他這種車是本地製造的。杜蘭特馬上想到這種汽車是一種非常有銷路的產品，於是他沒有前往火車站，而是馬上就去了生產製造這種汽車的車廠。

車廠是一座非常破落的樓房，樓前掛著一塊牌子，上面寫著「待售」兩個字。杜蘭特找到了廠長，準備和他洽談銷

售的業務，廠長對他表現的非常冷淡，他和杜蘭特說自己根本就不需要推銷員，只想把廠房賣掉，因為生意非常不好做。他還和杜蘭特說，他為這種車做過廣告，但是卻毫無功效。杜蘭特看了看廣告，發現廣告設計得毫無吸引力。這時，他覺得只要採取非常明智的促銷方法，這種車還是非常有銷路的。他沒有別的資本，但他卻有一張三寸不爛之舌。他和廠長談了一個鐘頭，廠長終於同意給他一份工廠期權和生產這種車的權力。杜蘭特知道這是符合自己能力的機會，對自己的能力做出了正確的評價，決定大幹一場。

　　不久，杜蘭特就找到一位名叫多特的富翁，他願意和杜蘭特合夥經營這家工廠。他們接管了工廠，很快就把它經營的非常好，杜蘭特被聘為首席銷售經理。後來，汽車工業飛速發展，杜蘭特就步入了這一新領域。他有非常出色的推銷能力，也就從中得到了豐厚的回報。不久就成為汽車產業的領軍人物和大富豪。在組建通用汽車公司時發揮了主導作用，成為通用公司的首任總裁。

　　在這之前，杜蘭特的主要精力都放在了宣傳、行銷和銷售管理上。現在他擔任了新的職務，終於發現自己陷入了令人眩暈、令人激動的財務管理工作中，必須與大量債券和股票打交道，面臨著許多不可預測的機會 —— 在投機盛行的股票市場上，不論是賠還是賺，都以百萬元計。到了這一階

第一章　充分的了解自己

段，杜蘭特的事業急轉直下。據他的熟人說，杜蘭特在氣質上不適合處理複雜的財務問題，也不適合管理股票，更無法掌握華爾街股票市場的價格變動。機遇對他的要求過高，他已沒有能力應付這類問題。他不知道怎樣處理股價的漲跌，在市場處於跌勢時，他被迫賣出大量股票，最後不得不從通用汽車公司總裁的職位上敗下陣來。

後來，華爾街的一位老朋友為他制訂了一份計畫，要他奪回公司的控制權。對杜蘭特來說，這次機會非常難得。但是，他再次錯誤地估計了自己的能力，把剩餘的財產一次性賠光。失敗的悲劇像鬼影一樣糾纏著他，直到他去世。

杜蘭特的幸與不幸的背後，能力有著潛在的作用。幸運就是做對事情，做適合自己能力的事情。人生的樂趣在日常生活中，當然更包括為了成功對自己的劣勢的改造中。

但是，改變自己是一件多組簡單的事啊！改變自我的過程也是一種快樂。這是一個看似簡單的問題，可是又有誰能做出肯定而輕鬆的回答呢？也許我們身邊的人都在考慮如何過上幸福的優質生活，可是誰能告訴我們什麼樣的生活才是優質生活？這些問題需要我們用很長一段時間才能給出答案，如果在今後的日子裡，我們對這些問題沒有一個清楚的了解，我們今天也不會有任何的行動，生活將變得空虛，也就無法過上充實和富有意義的生活。

　　一個想要擺脫生存困境、改變自己生存劣勢的人，在人生定位這個問題上必須要有準確的判斷，只有在自己最喜歡的領域裡淋漓盡致地發揮優勢，才能營造成功的人生；否則，入錯了行，你就會在很多人面前處於下風，處處感覺到自己處於劣勢地位。也就是說，要想成大事，必須不能自己看輕自己，只有在給自己做出一個明確的定位之後，才能找到屬於自己的方向和前途。

清楚自己的優勢

　　你從事的工作是你最喜歡的工作嗎？是你最擅長做的工作嗎？我們很多人都對自己的優勢不太了解，就更談不到根據自己的優勢來安排自己的工作和生活了，要想成功就一定要揚長避短，充分發揮自己的優勢。

　　每一個渴望成功的人都在拚命地尋求成功之道。

　　如果你發現自己到目前為止還是一無所成，覺得不能再這樣混日子，並且希望將來能夠在事業上獲得成功，那麼就要學習一下成功人士，看看他們是怎麼發揮自己的優勢的。

　　英國著名詩人約翰‧濟慈（John Keats），原本學的是醫學專業，後來他發現自己更擅長的是詩歌寫作，於是便果斷地放棄了原來的專業，開始全心全意地投入到詩歌的創作中，最終成為著名的詩人，創作了一系列偉大的詩篇。偉

第一章　充分的了解自己

大的哲學家和革命家馬克思年輕時的理想是做一名詩人，但是經過一段時間的努力，他發現自己更適合做社會科學的研究，於是他轉而研究社會科學，最終成了偉大的先驅。

我們每個人身上都有特殊的才能，我們只有發現並發揮自己的優勢，才有可能獲得成功。聰明的人，總會做自己最擅長的事。

美國管理大師彼得‧杜拉克（Peter Ferdinand Drucker）曾說，大部分美國人都不知道他們的優勢能力何在。如果你問他們，他們就會呆呆地看著你，或文不對題地大談自己的具體知識。這個現象不僅在美國，在其他國家也很普遍，很多人都不曾考慮自己的優勢能力是什麼。這並不是個好現象。美國蓋洛普公司認為：在外部條件給定的情況下，是否成功，關鍵在於能否準確識別並全力發揮你的優勢。

所有成功的人士，都會充分發揮自己的特長，讓自己的才能得到最大程度的施展。而一個人若選擇了自己所不擅長的行業，就不可能會取得多大的成就。

從事適合自己的工作不僅能心情愉快，還會對工作樂此不疲，創意與精力源源不斷，同時也能從日常的工作中發現自己的進步。

發現了自己的優勢能力，還要善於運用，否則你的優勢就是白白浪費，毫無價值。就像一顆鑽石，如果沉在海底，

就無異於破銅爛鐵，只有把它撈出來，真正使用，才能展現它的價值。需要強調的一點是，每個人最大的成長空間在於其最強的優勢領域，所以我們應多花點時間把自己的優勢發揮到極致，而不是花很多時間去彌補劣勢。很多同學在找工作時，總是放大自己的劣勢，看不到自己的優勢。其實從統計學的角度說，十全十美或一無是處的人都很少，大部分的人都是只有一方面非常突出。你在找工作時要盡量突出自己的優勢。譬如你的學業成績不好，但參加社會活動非常多，無論是製作履歷，還是面試，你都要盡量從社會活動中挖掘自己的優勢。

我看報紙，前幾年出了個名噪一時的人。這位同學大學期間成績很不好，補考也有好幾門。可最後他在眾多人中脫穎而出，進了名列世界前 10 名的公司 GE 做銷售。所以，我們無須總擔心自己的劣勢，關鍵的是要突出自己的優勢。彌補劣勢，雖然有時確有必要，但它只能使我們避免失敗，而不能使我們出類拔萃。因為很多能力是與生俱來的，依靠教育、學習與培訓只是事倍功半，未必有好的效果。如果你缺乏空間想像能力，卻從事建築設計；你對數字不敏銳，卻在當會計，這樣你不僅很難取得大的成績，甚至工作也會很吃力。

所以說，一個人能否成功，首先要看他有沒有找到適合自己特長的工作。「天生我才必有用」，上天從我們出生

的那天起就賦予了我們與生俱來的天賦，我們要將其充分利用，不要將其帶進墳墓。

發揮自己的潛力

　　腦力激盪的創始人亞力士‧奧斯本這樣認為，開動人的腦力可以令人獲得無窮的智慧，他相信每個人都具有創造力，而且可以由學習變得更有創意。

　　一個人到底有多大的潛能呢？美國心理學家威廉這樣認為：人們在通常情況下只發揮出了自己潛能的 10％，還有 90％的潛能沒有發掘出來，美國學者米德提出這樣的觀點：人們平時只使用了 6％的能力，還有 94％的潛力沒有發掘出來，事實正是如此，其實我們在日常生活和工作中只利用了自己資源和能力的一小部分，直到一切潛能都荒廢了，其實我們身體裡蘊藏著巨大的潛能，等著我們去發現和挖掘，一旦把它們都開發出來，將會給你帶來無盡的信心和力量，幫助你走向成功。

　　自然給了我們人類無窮的潛力，可惜大部分都沒有對它充分利用，甚至很多人對自己的潛力根本就沒用，得過且過的混日子，把自己的潛能一點一點的扼殺了。

　　有一位老人，名叫卡薩爾斯，今年 90 多歲了，看上去非常衰老了，還身受關節炎的病痛折磨，這樣的病痛折磨讓他

連穿衣服的力量都沒有，早上和晚上穿脫衣服都需要別人幫助才能完成。

但在一天早餐前，他費了很大勁顫顫巍巍的坐上了鋼琴椅，鋼琴演奏是他的特長，他顫抖的把彎曲腫脹的手指放在了琴鍵上。

神奇的事情發生了，這位老人突然神采飛揚，好像突然年輕了幾十歲，身體也跟著動作，手指開始演奏起來，好像一位技藝純熟的鋼琴家。

他那些腫脹彎曲的手指慢慢的舒展開來，呼吸也跟著順暢起來，是彈奏鋼琴的念頭把他的潛在能力激發了出來。

當他彈奏鋼琴曲時，手法非常嫻熟，手指在琴鍵上像游魚般輕快的滑動。他整個人都被音樂所溶化，不再為關節炎的病痛所苦，在他演奏完之後站起來時，和他入座時完全不同了，他站的非常挺拔，走路也不再蹣跚了，他飛快的走向餐桌，大口的吃飯，然後走到郊外散步。

這個故事曾經影響了無數的讀者，人們不只讚嘆在這位老人身上出現的那種神奇，更難以相信一個人的潛能竟然這麼大，它可以讓一位被病魔纏身的九旬老人像年輕人那樣富有活力，可以這樣說，正是由於這位老人對音樂的熱愛，相信音樂能給他帶來神奇的力量，他的改變讓人驚嘆，音樂激發出了他內在的潛力，煥發出了他的青春和健康。

第一章　充分的了解自己

　　只要我們能夠充分的了解自己，就能把深藏在我們體內的潛能激發出來，從而實現自己的理想和目標。

　　潛能是一種對外界刺激感應很敏銳的東西，它被喚醒後，仍然需要不斷的引導和鼓勵，不斷的培養和堅持，不然，潛能就會慢慢的消失了。

　　每個人都是一座寶藏，都蘊藏著巨大的潛能，因為我們沒有經過潛能訓練，使我們沒有機會把內在的潛能都發揮出來，在我們身上沒有得到開發的潛能，一旦激發出來就會爆發出驚人的力量。

　　富蘭克林小時候是個非常膽小的男孩，經常會感到害怕，如果他被喊起來問答問題，他就會渾身發抖。

　　如果是其他的孩子，可能會緊抱著自己的缺點，把自己封閉起來，富蘭克林卻有更大的勇氣，他身上的缺陷沒有把他擊倒，反而激發出了他內在的潛能和勇氣。

　　他並不把自己當成有缺陷的人，而是把自己當成一個正常人，他看到別的孩子做運動，玩遊戲，他也去做，他要讓自己成為一個刻苦耐勞的人，就這樣，他也變的勇敢了，當他和別人在一起時，會認為別人喜歡自己，自卑的心理就沒有了，他用快樂的心情去接待別人時，就不會害怕別人了。

　　他雖然有些缺陷，但他卻從不自卑，而是以一種積極向上的心態激發出了自己內在的潛能。他的缺陷使他更加努力

的去奮鬥，而不是被同伴嘲笑後就失去勇氣，他用堅強的意志克服了懼怕的心理，也是憑著這種奮鬥的精神，最終成為美國總統的。

他沒有因為自己的缺陷而氣餒，甚至把自己的不足變成了讓自己走向成功的階梯，到了晚年，已經很少有人知道他曾經有過那麼嚴重的缺陷了。

每個人都有自己最脆弱的地方，但是堅強的人卻能夠勇敢的面對自己的缺點和不足，透過各種辦法去戰勝它。

一件事物太完美就會缺少發展的空間，而一個人如果沒有了這種發展的空間，也就沒有了存在的意義，所以，上帝在創造人類時給每個人身上都留下了一點缺陷，但這些缺陷卻能激發出我們體內的潛力，如果約翰·米爾頓（John Milton）不是瞎了雙眼，也許就無法寫出那樣優美的詩篇；如果貝多芬沒有耳聾，也許也不能譜出那樣偉大的曲子；如果海倫·凱勒沒有瞎和聾，或許也不會有今天的光輝成就，所以，缺陷可以把你的潛能都激發出來，給你意外的幫助。

每個人身上都有比現在做得更好的能力，只是被思想禁錮了，只要你能夠衝破這個界限，就能把自身的潛能都激發出來。

第一章　充分的了解自己

▌▌時時不忘反省自己

　　自我反省是一種自我道德修養的方法，是不斷理清自我的思想並且加深印象的過程，是集中精力，培養耐心，並客觀地觀察現實，以達到和現實同步的過程。

　　古人有云：一日三省，意思就是告訴人們應該時刻反省自己，只有這樣，才能發現錯誤，才能及時發現和改正錯誤，如果每個人都能時刻反省自己的言行作為，那麼再大的困難也不會懼怕，所以想要獲得成功，就要具有自我反省的精神，養成自我反省的習慣，不要總是人浮於事。世界上沒有一個人是完美的，每個人都有說錯話、做錯事的時候，沒人能保證自己永遠不會犯錯，而最重要的是，你以什麼樣的態度對待自己的過失和不足，能不能像古人一樣做到每天對自己進行嚴格認真的反省和剖析，以君子的方式要求自己？可不可以像古人一樣做到「一日三省吾身」？經常進行自我反省的人，可以不斷實現自己心裡的願望，他們對生活可以全身心的投入，不斷地創造和自我超越，這才是一種真正的自我反省。

　　許多人都認為自己總是對的，做的事情都是有道理的，「長於責人，拙於責己」好像成了這類人的通病，比如說：當你無意間的一句話傷了別人的心，令對方不開心，但你卻對自己給別人造成的傷害和心情的影響絲毫沒有察覺，在工

作中不分主次、毫無目標的忙忙碌碌，始終得不到老闆的重用，犯了錯時，總是不願意反省自己，卻找各種各樣的藉口為自己開脫，掩飾自己的過錯，比如：狡辯、諉責、抱屈、怨天尤人，總而言之就是沒有勇氣去面對自己的錯誤。因為人的意識總是會本能的針對除自己以外的人和事物身上，卻很少會反省自己身上出現的問題，比如說我們總是喜歡批評別人，說別人哪裡做得不對，卻經常忘了自己是不是也有錯誤。所以，一定要靜下心來反省自己，如果有了錯誤自己卻不知道，就會逐漸滑向錯誤的深淵，只能讓自己更進一步的走向失敗。

　　一個具有反省能力的人，勇於承認自己的錯誤，有自我否定的精神，可以主動接受批評和自我批評，從而改進自己，使自己的心智不斷得到提升，心靈不斷得到昇華。

　　一個具有反省能力的人必然會對自己嚴格要求，他們總是在尋找自己的不足之處，然後加以改進，他們總能虛心接受他人的意見和建議，不斷的完善自己；他們不會害怕批判和否定自己，因為他們知道進行自我批評的目的是為了讓自己到達一個更高的層次。

　　李文濤剛到公司做銷售工作時幹勁特別足，滿懷信心和熱情，因為他在大學時看了許多銷售方面的書，覺得自己一定能做好，於是，他經常加班，有時工作到很晚，並且把同

事沒做完的工作也做了，第二天，他非常高興的告訴同事時，對方並沒有對他表示感謝，而且表情也很不自在，每次開會前，他都要用很長時間準備發言稿，而每次他的發言都會占用很長時間，可是等到發言結束後，底下的議論聲比掌聲還大，這種情況持續了一年的時間，到年底時，公司所有的評獎都沒有他的份，這時他開始自我反省。

　　他對自己的情況進行了認真客觀的分析，了解到了自己的問題：自己初入職場，幹勁非常足，而且還有非常強烈的表現欲，急於透過自己的努力做出成績獲得老闆的認可和重用，但是卻沒有處理好和同事的關係，從而受到職場潛規潛的阻礙，導致自己什麼年終都沒有，但這可能是公司主管想藉此機會讓他自己反省一下自己，在一個團隊中，是絕對不能憑自己的個人努力和個人英雄主義就能成功的，這種工作作風是絕不會做成大事的，要關心周圍同事的感受和整個團隊的成績。

　　他還了解到職場新人初入職場的衝勁是件好事，因為這樣可以給團隊注入新鮮的活力，但是如果太看重自己的能力而忽略周圍同事的感受，就會讓同事覺得你自傲自大，好像在給同事傳達一種「你不如我」的訊號，又因為是剛剛接觸，沒有長期相處的信任，所以就算你真的是單純的幹勁十足，也很難得到別人的認同和理解，反而且給同事帶來壓

力，受到團隊的排斥，以後處理這種事情要先反省一下自己的態度和用心是不是有不謙虛恭敬的地方，要時刻謹記自己是個新人，從小事做起，謙虛謹慎的處事，建立起大家對自己的信任和好感，然後，你在工作上的優秀表現才會被人重視而不是被誤解。

就這樣，李文濤透過對自己深刻的反省，充分的了解到了自己的不足之處，在日後的工作中，努力的改正，終於得到了公司同事和主管的認同和好感。

自我反省是了解自我、發展自我、完善自我和實現自我價值的最好方法。它是一個人修身養德必須的基本功之一，又是增強人的生存實力的一條重要途徑，所以，在自我反省的背後，其實是存在著充分的自信的，在不斷的反省中獲得前進的力量，讓自己變得更傑出。

身為一名員工，每天都要反省一下自己的工作情況：今天的工作，我是不是偷懶了？是不是全力以赴的工作了？有沒有浪費工作時間？和昨天相比有沒有進步，有沒有完成目標？今天事情的處理是否得當，有沒有更好的處理方法？今天和別人說話有沒有說不妥當的話，有沒有做損害別人利益的事情？某同事對自己不太友好是不是因為自己哪方面做得不夠好？

經常這樣反省一下自己的言行作為，可以讓自己對事物

第一章　充分的了解自己

有更清醒準確的判斷，讓你對自己有個更理性的了解，並改正錯誤，完善自己，所以，每天對自己的反省是必不可少的，對自己無情的自我剖析，嚴格的自我批評，及時改正錯誤，把過錯扼殺在萌芽狀態。這樣才能更加合理的安排自己的工作和人生，工作的業績才能提升，事業才能得到長遠的發展。

第二章
清醒的了解職場

　　古語就說：「女怕嫁錯郎，男怕入錯行。」在進入職場之前，就要對職場有一個清醒的了解，社會需要什麼樣的人才，哪個行業最有潛力，只有這樣才能給自己挑選一個適合自己的行業，最有發展的職業。

職場不能只活在當下

　　很多人在選擇第一份工作時可能考慮的方面比較少，覺得只要自己可以勝任，而且待遇也不錯就可以了，但選擇第二份工作時就不能只看這些了，你得把自己人生的職業規畫都考慮進去，這個職業規畫的核心就是行業或職務的一貫性。其他的條件都無所謂，它可以是合資的，也可以是外資的，可以是大企業，也可以是中小企業。

　　要想維持行業的一貫性，當然了，要盡量是從中小企業慢慢向大企業發展，從低職位慢慢向高職位發展的履歷，是呈上升趨勢的。

　　另一種履歷的管理方式是維持職務的一貫性，拿行銷這個職務來說吧，它的行業選擇範圍是非常廣的，在很多種類的公司都可以做行銷工作，只要你能堅持保持行銷這個職務的一貫性，幾年下來，你的經驗成長了，就可以以「行銷專家」自居了。這個頭銜可以讓你獲得不少的利益。

　　不管你的第一份工作是不是足夠理想，你的第二個公司就必須得確定好自己的專業、特長、主攻的領域等方面，如果你在第二份工作時還是不能確定自己的職業方向，就有可能要重新開始選擇職業，重新選擇自己未來的職業規畫。就算你第一份工作還不錯，你在離職時也要注意保持你的就業方向，行業和職位無法保持一貫性的話，那麼就算這份工作

有再好的待遇也是弊大於利的。如果在第二份工作之後，行業和職務都能或是至少其中有一樣保持了一貫性，那麼你的經歷管理得非常好，可能短時間內你還不能看出這種一貫性帶給你的好處，但時間久了，它就會顯露出它的優勢。

選擇第二份工作時，除了要確定職業方向外，還要考慮一下新的公司的情況和職位和情況，要踩著石頭過河，這樣就不能只看前面的一塊石頭，要多看幾塊石頭，就像駕駛車輛一樣，那些駕駛熟練的司機不只看眼前的車或號誌，還會同時注意看左右的號誌和前面的幾輛車，這樣才能更加安全。跳槽也是一樣，要考慮進入這家公司後，下次再次跳槽時，能夠找到什麼樣的公司，什麼樣的職位，如果知道在未來的一天從這家公司離職後很難找到下一個更好的公司，更好的職位，那麼就算該公司提出再好的條件也不能心動。

要想有一個更好的職業發展生涯，就要按週期回顧自己的職業生涯，由於 10 年的情況和 10 年前你剛剛設定職業規畫路線時的情況大不相同，所以大概以 10 年為一個週期，來查看你最初設定的職業目標。

人在四十歲之前，臉部表情會隨著周圍環境或自己的精神狀態的變化而發生變化，而在四十歲之後，除非受到非常大的打擊，否則他的面相就不會再改變了，不僅這些，人在四十歲之後，他的職業和人生道路基本上就固定了，四十歲

第二章　清醒的了解職場

之後想要改變人生的道路實在是一個大大的冒險，而且成功的機率是非常低的，所以，每過十年來回顧一下自己的職業生涯，重新來評估一下自己的人生道路，這基本上也是一個人一生中最後一次回顧自己職業生涯的機會了。

人到了四十歲以後，在職場上摸索了十多年，基本上什麼都經歷過了，所以在四十歲後離職的人要麼就是職場的成功人士，要麼就是職場上的失敗者。

可能會有人這樣問：難道十年之內不可以改變職業道路嗎？這當然不是的，因為在一個人的一生中，四十歲的意義特別大，所以在這個時候要總體的回顧一下自己的職業歷程。

另外，還有一種方法，也可以以三年為一個小週期，把十年分成三個階段來重新評估一下自己的歷程，與其到四十歲後連最後一次機會都沒有了，不如從現在開始評估自己的職業歷程，為將來做好充分的準備。

職業的路徑多種多樣，並不是只有一條路，更不是只有成功人士走的路才是對的，只要你根據自己以往的工作經驗，未來的目標和自己的具體情況，設計出一條適合自己的職業路線，那麼，你想做什麼，想有怎樣的人生，就都掌握在你自己手裡了。

確保專業性才是出路

　　這些年來，獵頭公司會經常收到高端人才的履歷，他們中有很多人都曾經在金融機構擔任要職，或是在大企業工作過，然後又辭職到國外進修，有的還是國有企業或機關的公務員。他們其中的很多人已經好久沒有找到工作了，有很長時間處於失業狀態的人也很多，過著坐吃山空的生活，現在錢馬上就要花完了，這才趕緊找到獵頭公司，尋求幫助。

　　他們之所以找不到合適的工作，就是因為缺乏專業性，比如說，一個金融行業的人，雖然從事的行業不錯，但是卻缺乏專業性，所以就很難找到工作，因為在很多金融企業，一般性的職位都會聘用大學生，只有一小部分特殊職位例外，前幾年大部分銀行都會實行職位輪換的制度，在一個部門工作一段時間以後，就會被調到其他部門工作，這樣就會造成工作雜亂，專業性非常低，很多公司就不太願意聘用這樣的人。和以前的工作內容最類似的也許就是會計了，可是他們的專業水準又不如專業的會計。

　　這樣的人才，不止大企業不歡迎他們，就連中小企業也不太喜歡他們，在中小企業裡，一個人有可能要負責好幾樣工作，他們其實也有能力去做，可是這些中小企業的老闆也不可能放著現成可以勝任工作的人不要，非要去浪費時間培訓他們，等著他們可以勝任工作了，所以，就算他們願意放

51

低姿態屈身在小企業門下，但這些企業卻不願意錄用他們。

這些缺乏專業性的人才到獵頭公司進行求職諮詢時，都是因為他們缺乏專業性而在社會上到處碰壁，甚至有些人對於辭退自己的公司心懷怨憤，覺得自己一直兢兢業業的工作，換來的卻是公司的解雇，對此心裡懷有強烈的不滿。

由此可見，這個社會已經發生了很大的變化，可很多人卻對此一無所知，所以，不要認為公司沒有自己就經營不下去，這樣的想法太幼稚了。公司和員工之間是合作的關係，不再是家人那種親密關係，公司是花錢購買員工的工作能力，而員工則是把自己的工作能力以金錢的方式賣給公司。

日本一家諮詢管理公司的代表每次給公司新入職的員工做培訓演講時都會勸他們：「快點成長成一個有能力辭職的員工」其實他的這種做法就是在叮囑員工，讓他們把自己的實力培養出來，到時就不再害怕被解雇了，這位代表認為，培養員工的忠誠和熱愛公司的感情，還不如誘導他們總想著跳槽到更好的公司，找到更好的工作，這樣做反而對公司更好。

只有這樣，公司才會提供更好的工作環境和待遇，以防其他競爭對手把他們的人才搶走，公司的員工也會不斷的提升自己的工作能力，提升自身的價值，努力讓自己成為專家級的人物，不管是企業還是員工自身都希望自己成為專家，

現代的社會現實也在逼迫我們成為專家。LG 資訊通訊技術研究所的金昌民博士提出這樣的觀點，在現今這樣的職業大變革的時代，只有那些可以獨立創造知識的專業人才，才被認可為專家。他預言未來職業結構的兩極化會越來越嚴重，有一部分人會以獨立創造資訊的腦力勞動階層走進上層結構，而另一部分人則會成為失業者或是單純勞動力，中間的階層就不再存在了，現在自以為是中間階層的白領們，如果再不培養自己的專業能力的話，那麼到最後就會淪為單純勞動力，甚至失業。

當代社會，職業專家正在一點一點占據人才市場，由於專業程度有所不同，人們職業之間的差距也在增大，就算在一樣的職業裡，也有專業性和非專業性之分，而只有那些真正的專業人才能享有較高的社會地位，獲得更多的經濟財富，剩下的非專業人士，他們的社會地位和待遇只會日漸降低。

這樣的情況在每個行業裡都是一樣的，而醫生這個職業最為明顯，一家醫療就業的網站對醫生會員進行了職業滿意度的調查，調查結果顯示有將近一半的受訪者表示不想把醫生這個現在職業當成自己的終身職業，而七成的受訪者認為醫生未來的社會地位會降低。

社會上還有很多職業也是這樣的情況，比如說專業律師和業餘律師，專業和業餘的分析師，專業和業餘的基金經

理，雖然他們的職業看起來差不多，但是待遇卻相甚遠，專業人士屬於社會上流階層，而那些非專業人士就屬於單純的服務階層，他們的社會地位和待遇正在急速下降。

而大學教授就不同了。著名大學裡專業性非常強，在那裡大學教授享受著政治人士或高級公務員級別的社會地位和相當於企業家標準的高收入。而那些沒有什麼名氣的普通大學，連招生都很困難了，那些學校裡的教授只有名分、卻拿不到很高的薪水。由此可見，想要得到終身職業資格條件，其關鍵因素就是專業性，也是區分職業級別高與低的標準。

職業要挑潛力股

初次邁進獵頭行業的職場新人都驚嘆職業的寬泛和複雜，許多獵頭以前缺乏職業知識，都為自己表示遺憾，覺得假如自己早知道社會上職業這麼多，肯定會好好選擇的。

其實很多人在選擇職業和企業以前，或是已經進入職場了幾年後，還弄不清楚這個社會上有哪些職業。有很多人都是從周圍的人際關係或是新聞媒體得到的職業消息，然後只憑藉這些資訊來選擇自己的職業和公司，基本上沒受到過正規的職業教育。

《韓國日報》（*Korea Daily News*）曾經做過相關的問卷調查，對象是首爾江南地區和江北地區（以橫穿首爾市的漢

江為界，南邊稱為江南地區，經濟高度發達，走在時尚前端；北邊稱為江北地區）的高中生，調查結果充分說明了我們對職業相關方面的知識了解的多麼少，對選擇多麼草率。調查還顯示出江南地區的學生和江北地區的學生所了解的職業相關知識，如職業的種類等和未來希望從事的職業存在著非常大的差異。江南地區的學生希望未來從事的職業按順序排列是：企業家、新聞工作者、電腦程式設計師、醫生；而江北地區的學生和江南地區的學生的選擇則有很大不同，他們對未來的職業選擇按順序排列為：教師、企業家、醫生、公務員。由此可以看出，江北地區的學生更傾心於教師、公務員等傳統的行業，而江南地區的學生則更傾向於新聞工作者、電腦程式設計師等職業，而這些行業都是近年來人氣畢竟興旺的職業。

調查結果還顯示出，江北地區小學生非常熟悉的工作，按順序是教師、護士、警察和消防員等，而江南地區小學生非常熟悉的工作則是醫生、律師、教授、基金經理、程式設計師和設計師等，這也正好印證了《韓國日報》的調查結果——江北地區的學生選擇職業觀之所以稍顯傳統，都是因為他們平日對職業的了解大都來自父親、親戚和朋友，而江南地區的學生的選擇職業觀則更傾向於面向未來，在選擇時，會不自覺的受到職業觀的影響。

第二章　清醒的了解職場

　　當代社會的職業已經發生了變化，這個現實說明了老一輩的職業觀已經過時了，職業已經有了生命，儘管它沒有貴賤之分，但它也會隨著時代的變化而發生變化，種類也在隨著時代的發展而增加。

　　也許有人會有這樣的懷疑，想不到怎麼會有這麼多的職業消失，但想一想就能明白了，1970 年代，經常能見到公車上有售票員，而現在很多車都是自動售票、手機刷卡了，早就看不到售票員了；電腦已經普及了，幾乎家家都有電腦了，打字員和打字機修理工就非常少見了，不久之前，民航駕駛艙第二排位置上的領航員也換成了自動領航設備，商品記錄員、馬戲團團員、煙筒清理工、典當鋪營業員、歌劇團團員、助產婆、雨傘修理工、和瓦工這些職業也幾乎絕跡了。

　　職業的產生和消亡還不完全是它的變化過程，許多職業還會經過不斷地分化融合，以一種完全不同的面貌呈現在眾人面前，原有的商品透過新知識和新技術的革新，提升了附加價值而後變成一種新的商品，同時相關的職業也會有所改變。許多的產業早就超越了原始的簡單製造產品的階段。這就更需要懂得經營管理且具有綜合判斷能力的腦力勞動者，也就是「專家」類的人才了。

　　韓國未來學研究院的夏仁浩院長認為未來的職業可以總結為定期生產式職業、面對面服務式職業和腦力勞動式職業

等三種。他預測將來面對面服務式職業和腦力勞動式職業會成為勞動力的核心，還認為透過不斷的整合和分化可以產生更多的職業，給每家職業都取名字，還不如都叫某某專家，這些發達的資訊技術給整個社會市場帶來了巨大的職業變革，它在那些沒有準備的人眼裡就成了一種「職業衝擊」，現在的時代，根本就不能保證你現在從事的行業或職務在五年或十年之後是不是還存在，就算你所從事的行業到時還存在，也不知道那時它是不是還能像現在一樣受人關心。

《美國新聞與世界報導》（*U.S. News & World Report*）發表了一條消息，公布了薪資程成長趨勢但是卻缺乏人才的二十種職業，它們是專業用語諮詢員、網路工作人員、建築業管理員、營養師、專業私人醫生等，其中大部分在韓國還不受人關心。

2010 年，CNNMoney 與美國職業資訊專業公司 Payscale 合作進行了一項調查，在這項調查中專家們根據未來十年的職業發展、年薪水準、生活品質等預測進行了綜合分析並得出一個結論，未來最有前景的職業是系統工程師，排在前十位的其他職業有醫療輔助人員、大學教授、專業護士、IT 專案管理者、註冊會計師、物理治療師、資訊安全管理師、資訊分析師、銷售管理者等。

大家對上述的部分職業或許會感到陌生，因為韓國和美

國的社會存在非常大的差異，那麼我們可以假設這兩個國家的社會發展方向相同，那麼很有可能幾年後這些職業在韓國也會變得炙手可熱。雖然趨勢如此，但是人們還是只對那些眼中最搶手的職業關心，為了進行某個傳統的行業而大費周章，大家從前面的調查中應該能看出，藥劑師在韓國已經算是一個夕陽職業了，但是還是有許多學生會報考醫學大學。

或許在十年以後，醫生和律師這兩種職業仍然是不錯的職業，收入也不會降低，但是其他行業收入要繼提升，這兩種行業的相對收入就會降低了，而對那些性格和工作性質不一致的人來講，這樣的工作讓他們倍感痛苦，更談不到樂趣了，再加上近的來律師行業人數的不斷增加，在未來幾年內可能律師市場就會接近飽和狀態，到時可能很多律師的生意都不會太好做。

所以說，在選擇未來的職業時，不要只考慮眼下正熱鬧的職業，要選潛力股，看看哪些新興行業更有發展前途，這樣才不會在幾年之後被社會淘汰。

▌改變自己，適應職場新環境

適應能力對於每個職場員工都是非常重要的，也是必須具備的基本素養，如果你不具備這種素養，恐怕會很難在職場中立足。

　　一個公司中同時應徵進五個人，如果他們的工作能力不相上下，那麼，最先得到重用的一定是那個最先適應職場新環境的員工。

　　那麼怎樣來更好的適應職場新環境呢？你應該以一種積極的心態改變自己，而不是逆來順受，這是很多員工都有的錯誤想法，他們認為逆來順受就是在適應職場新環境了，其實不然，對環境的適應，目的是要把自己變得更強，而逆來順受卻只會把你變成弱者。

　　卡內基曾經這樣說過：「一個懶惰心理的危險，比懶惰的手足，不知道要超過多少倍。而醫治起來，心理也要比手足的醫治懶惰還要難，因為我們做任何一件不喜歡做的事，身體的各部分都會感到不舒服，反之，如果你對這份工作有興趣，做起來感到愉快，工作效率會很高，而且身體上也會感到非常舒適，因為不適宜的工作，使身心憂鬱而患成的病症就是懶惰病。」

　　當職場環境改變時，尤其是變得越來越不理想時，一方面，你不能逆來順受，當做什麼都沒有發生，另一方面，也不能怨天尤人，被失望和沮喪沖昏了頭腦，正確的做法是以一種樂觀的精神去適應新的工作職位，新的職場關係，新的老闆，新的公司，把這當成新的機遇，在變化中尋找走向成功的機會。

第二章　清醒的了解職場

　　眾所周知，比爾蓋茲和史蒂芬・安東尼・巴爾默（Steve Anthony Ballmer）是微軟最重要的兩個人，他們就是適應新環境能力非常強的人，他們可以根據外界環境的變化及時調整自己的心態、工作角色和工作方式，不斷地學習，不斷的改進自己的工作，例如：比爾蓋茲在講演失敗後，開始專心學習演講技巧；在 2000 年，比爾蓋茲為了讓微軟有更好的發展而將執行長一職交給了巴爾默，設立了幾大商業部門以後，他就開始從臺前轉成幕後的教練，這件事至今為微軟公司員工津津樂道。

　　李小姐原本在一家外商做銷售總監，有著令人羨慕的待遇和福利，可是就在她事業上一帆風順、業績蒸蒸日上的時候，金融風暴到襲，嚴重影響了公司的發展，公司開始了裁員，李小姐雖然沒有被裁員，但卻失去了銷售總監的職位，被降為了業務員，她為此痛苦了一段時間，也消沉了一段時間，甚至考慮過要轉行做點別的生意，可是她後來終於還是堅持下來了，環境的變化導致的困難並沒有壓倒他，被降級後，李小姐很快的調整了自己的心態，逐漸適應了新環境，更加努力忘我的工作，半年後，公司終於度過難關，李小姐的工作態度讓老闆非常感動，也非常欣賞，於是把他提升為公司的副總經理，還讓他持有了一部分公司的股分，成為了公司的股東。

身為一名員工，在進入一個新的工作環境中時，難免會有些不適應，但有的人就能夠很快調整自己，融入到新環境中去，所以他們活得非常精彩，那些不能及時調整自己的人，只能在新環境中自怨自艾，意志日益消沉。

優秀和平庸間的差別只有這麼一點點，就在於你對環境是否能夠很快的適應，適應能力越強的人，越容易抓住寶貴的成長機會，在變化中適應，在適應中為自己搭起成功的橋梁。

有一句老話叫「入境隨俗」，適應環境的過程，其實就是一個入境隨俗的過程，也是一個優勝劣汰的過程，你要想在新的職場環境中盡快立足，站穩腳跟，以圖日後有所成就，就要從現在開始改變自己，以最快的速度適應環境，成為在任何環境下都能生存的強者，在職場中如魚得水。

第二章　清醒的了解職場

第三章
根據自己的具體情況選擇職業

　　在很多故事中都聽過：迷失方向時，只要找到北極星，就能走出迷途，同樣，職場人選擇職業時也要找到自己的北極星，這個北極星就是自己的職業目標和方向，若想找到自己的職業方向，就要根據自己的實際情況來選擇自己未來的奮鬥目標。

注意自己的求職形象

　　一套適合自己的職業服裝將會在應徵的時候為你加分。在求職的過程中，大學生一定要開始向職場人轉變，把自己的定位搞清楚。你已經大學畢業了，即將成為一位職場新人，所以服裝禮儀也很重要，它展現著你的素養水準和個人修養。

　　有許多應徵者都沒有重視職業服裝的問題，因此在面試失敗以後，還覺得非常莫名其妙。其實職業服裝也是大學生應徵工作的準備事項中一項重要內容，因為當你面試時，進入應徵者視線的首先就是你的外表，外表的大部分就是你的穿著，一位服裝穿著得體，儀表乾淨整潔的應徵者，將會給面試的考官留下特別美好的印象。

　　李娜梅大學畢業後，就開始把自己的衣櫥重新整理了，其實她每個女孩一樣愛美，但她還是這樣做了，把以前上學時那些可愛的娃娃裝都收起來了，又找到服裝設計師專門為自己設計了形象，請教了自己應該怎樣著裝。當她來到大商場後，才發現自己看中的服裝都非常貴，因為父母都是普通的職員，當然沒有那麼多錢供她揮霍，所以她從商場裡空手而回，就想放棄那些名牌的服裝，當然了，她還有自己的小祕方呢。

　　李娜梅從網路找到了相對的款式，然後把圖片都影印出來，又找到不錯的裁縫店，讓師傅照著做，因為他平時穿著

的就很有個性，於是她還在這些樣式上添加了可以突顯自己性格的元素，讓整個人和服裝彷彿渾然天成，就連做衣服的師傅都說她的想法非常好，衣服很快就做好了，既合身又合體，而且還有了自己的特點，既有年輕人的朝氣，又大方穩重，最要的是還為她省了不少錢。

有了得體的服裝，還得為它搭配相對的配飾。如果加上一些小飾品，就是錦上添花，讓她整個人看起來更加漂亮。但她覺得過度誇張的飾品在職場服飾中不適用。所以就準備了幾個小耳環，外加幾條自己從網上買來的鏈子，還有朋友贈送的手鍊。根據服裝的款式，她做出適當的變化。

鞋子和手包也是非常重要的。假如你想要看一個女人有沒有品味，最好就是看她的手提包，所以她準備了兩個非常大的包包，能裝下履歷和其他必備的東西等。這兩個包包花了李娜梅很多錢，但是想想要用很長時間，還是咬牙買了下來。她又去請教媽媽和同學，買了穩重大方，穿起來又舒服的鞋子。這樣應徵的時候到處走動就不會太累了，還能讓人顯得個子高一點，也更有精神了。因為穿高跟鞋會太累，如果穿自己喜愛的運動鞋又會顯得非常不正式。所以最後，李娜梅選擇了幾張適合自己的中跟鞋，又舒服，又美觀。

這些都準備好以後，就是要給自己準備一套方便攜帶的化妝品了，因為上大學時他就學會了化妝，所以這對她來說

是非常容易的事，因為去面試時經常會需要補妝，所以，她不得不為自己準備一套方便攜帶的化妝品。

　　沒過多信，李娜梅就收到了幾份面試通知，每天穿上一套得體的職業服裝，再化一個大方的妝容，就神采奕奕的去應徵了。

　　李娜梅的方法非常實用，既不用花費多少錢，又能獲得不錯的效果。一套適合自己的職業服裝，會在應徵的時候給你帶來意外的收穫，不只女生這樣，對男生來說也是一樣的，有的大學生覺得，租一套衣服去應徵就行了，造成的效果是一樣的，其實不是的，如果你條件允許的話，最好還是擁有幾套合適的衣服更方便，租來的衣服會給人一種雷同感，再說了，你租來的衣服不一定適合你，這樣只會讓你感覺不舒服和拘束，氣質上也不一定適合你，這樣一來就有可能影響你的臨場發揮，再說了，如果你面試通知來得突然，你也不一定能立刻租到合適的衣服。

　　不是非要穿名牌服裝，只要適合自己的就很好，剛剛畢業的大學生沒有什麼經濟能力，如果用父母的血汗錢去買名牌服裝，就有些得不償失了，而且你於心何忍呢？所以，最好還找一套適合自己的服裝，另外，還要注意相對的搭配，這些可以看一些服裝穿著方面的書籍和網路教學，學習一下，不要讓自己穿著一身失敗的服裝去參加面試，這樣會讓

你的形象大打折扣的。

　　你不可能只參加一次面試就成功了，好衣服也需要你好好的珍惜和打理，雖然也有這種可能，但是機會還是很小的，所以，對你的衣服還是要做好保養，這個問題其實也不難，就是不穿的時候要掛起來保持平整，洗乾淨後要進行熨燙，這樣可以保持服裝良好的外形，如果你的襯衫袖口有黑邊，裙子皺巴巴的，這樣只會引起面試考官的反感，所以把衣服保養好也是很重要的。

　　然後就是要關心天氣的變化，氣溫的變化會直接影響到人們的穿著薄厚，如果在春夏之季，你穿著一身厚重的西裝去面試，結果那天非常熱，大家都穿很薄的衣服，可想而知，你回答考官問題時一邊擦汗的動作，會直接影響考官的情緒，最後只能以失敗而告終。

　　所以，求職的新人們，買一套適合自己的職業服裝，讓自己的面試時就能先聲奪人，在形象上先得到一個好的印象，給自己接下來的面試做好準備。

給自己一份完美的履歷

　　大家都知道，你要找工作，就要有一份履歷，履歷就是你走向職場的入場券，一份精美的履歷，會給對方留下一個難忘的第一印象，其實你的履歷就是你求職的第一門面，它

像你的面子一樣重要，所以，你的履歷的頁面、字體等都要既美觀又有特色，不要做得無聊而繁瑣。

　　你在做履歷時可以換位思考一下，把自己當成是面試考官，想想自己如果一天都到成百上千份履歷，你會不會在一份履歷上浪費太多時間，如果這份履歷太過繁瑣和枯燥乏味，那麼不管是誰，都不會願意在這樣一份履歷上過多的停留的，如果一份履歷簡單明瞭，讓人耳目一新，就可以吸引面試官的注意，這樣既可以提升面試官的做事效率，減輕了他們的負擔，節省了時間，也讓你給他們留下了一個條理清楚的好印象。

　　在確定好你自己的職業發展目標和求職方向後，就要開始準備自己的履歷了，在這個過程中一定要好好想想，你要把自己推銷給哪家企業，在這個過程中，履歷的作用就可想而知了。

　　小郭今年剛剛大學畢業，他拿著一份厚厚的東西給爸爸看，希望爸爸能給自己指點一下，起初爸爸還有點納悶，後來透過小郭的介紹才知道，這份厚厚的東西就是他的履歷，而且，這還只是其中的一份。

　　小郭把他的履歷遞給爸爸說：「爸爸，請您幫我看看，我做的履歷好嗎？」

　　接著他告訴爸爸，自己的這份履歷裡包括什麼內容：一

份中文履歷，共五頁，一份英文履歷，共五頁，學校的成績單共兩頁，畢業證書和學位證書的影印件各一份，還有相關檢定的認證，再加上身分證影印件一頁等，爸爸看後非常吃驚，除此之外還有一些推薦信和證書影印、實習經歷、個人的工作前景規畫和心得體會等，大概有三十幾頁，而且包裝非常精美，還有一張彩色生活照片，看起來像是明星做廣告呢。

爸爸非常好奇的問小郭：「你每次都寄這麼多東西給你想應徵的公司嗎？」小郭點了點頭，爸爸接著說：「那你為什麼要寄這麼多東西？」小郭解釋說，許多公司在應徵廣告上都註明了要學歷證明之類的證件，所以他就把這些證件都影印好，寄去公司。

爸爸看著這些東西，非常擔憂，許多公司接受外部的電子郵件都不能檔案太大，他那些東西占用空間那麼大，說不定早就被對方的郵件系統過濾掉了，對這樣一封是不是到達對方電子信箱都還是未知數的履歷，勝算還能有多少呢？

接下來，爸爸告訴小郭他的履歷做得太花俏了，太不實用，這樣的履歷最後只會被面試官忽略掉，最後，爸爸教小郭怎樣寫一份簡單明瞭的履歷，告訴他必須注意的幾點。

小郭高興的走了，一個月後，他回到家就告訴爸爸，他已經接到好幾家公司的面試電話了。

第三章　根據自己的具體情況選擇職業

　　其實小郭的例子在大學生中非常的普遍。許多人對履歷的要求知道的非常少，因為這個原因失去很多面試機會。一份成功的履歷需要注意哪些問題呢？這就是：簡單、美觀、有特色。

　　履歷被稱為「履歷」，就是因為簡單是它的第一要素。首先就是內容要簡單。別把你從小學到中學再到大學的所有經歷都長篇敘述一遍，就像誰都不知道上學的流程似的。這樣只會引起面試考官的反感，就沒有耐心再讀下去。還有關於兼職的經歷，也不要寫得太多，這樣也會給人一種沒有條理、忠誠度太低的感覺。特別要注意的就是，別故意的誇大自己的工作和學習的經歷，有經驗的應徵人員一眼就能分出真假，這樣的履歷只會給人帶來一種虛假的感覺。

　　還有一些需要大家注意的事項，就是關於興趣和愛好的列舉。有的求職者喜歡把自己的興趣愛好、特點、優點等一一排列出來，實際上你列舉出那麼多一點必要都沒有，好像應徵的公司是想應徵一個完美的人一樣，他們根本就不會有興趣和耐心看完。你只需要針對應徵職位列出幾個相對的特點就可以了，這樣能給面試考官一種精準定位的感覺。

　　還有一點，在寫擅長和精通某些專長的時候，不需要一口氣寫出幾十個來。這樣會讓人覺得你是一個喜歡誇大其詞或吹牛的人，反而會給人留下不好的印象。

一份好的履歷，一定要給人一種賞心悅目的感覺。近年來有很多大學生，尤其是一些剛畢業的女大學生，花重金拍一些寫真充實履歷的內容。假如你是想去應徵模特兒的話還是可以的，但是如果你想應徵的職位和你的外形沒有太大的關聯，那麼你這份履歷的價值就達不到任何作用了。

這裡所強調的美觀，主要是說欄目列表的安排合理，可以讓面試考官一目了然。比如說，你的電話，一定要放在非常顯眼的、最容易尋找的位置。假如人家翻了多少頁還是沒有找到你的手機號碼，也許就會一氣之下把你的履歷扔進垃圾桶裡。

每個人都有不同於其他人的特點，假如你的履歷做得和別人的履歷一樣一點也不突出，應徵方為什麼非要選你不可呢？

一份簡單和富有特色的履歷，會讓你找工作的過程中交到好運，在和你一起的眾多的求職者中脫穎而出，最終勝出。

你想做什麼

每個人都擁有發現真正的自我的權利，比如說你多年來經營著家具店，其實你真正喜歡從事的是開一家服裝店，那和我從現在開始改變你的就業方向怎麼樣？你完全有這個權利，有實現夢想和做回自我的權利。

第三章　根據自己的具體情況選擇職業

　　什麼樣的人生是最圓滿的人生，就是在你的內心深處，沒有一絲遺憾的人生，就是圓滿的人生，在你心裡的夢想，你要對它備加珍惜，並要對那個夢想負起自己的責任。在我們的一生中，不一定每一個人都能知道自己到底想做什麼，在職場上追求事業發展時，更應該知道自己想做什麼，對現在從事的行業或職業應該怎樣看待，要看它對你的生活帶來了什麼樣的結果，你從這份工作中是不是感到了滿足，這種生活是不是你想要的那種生活。

　　其實，你可以有別的選擇。目前的事業也許適合你，你把它當做一個基準。但是請發揮創意想一想，你是不是真的不喜歡另一種專業、另一種生活方式？請針對你目前和未來的生活，提出幾個不同的方案。在這樣想像時，請記得一個前提：工作和生活不衝突。

　　可以說，我們生活中的許多事都是一件工作。尤其是現在，休閒工業已是一種主要經濟活動，工作更是有各種可能性。你的工作可以是與個人喜好有關的，也可以將喜好轉為一種事業，因為這樣會給你的事業帶來熱情，你也會因此獲得工作中的快樂與成功。

　　不管你現在從事什麼行業，什麼職務，都應該知道自己最終想要達到什麼目標，並在整體的生活中時刻思考。說來簡單，但人的舊習難改，對於事業的傳統想法，很快就會削

減對生活的熱情。舉例來說，1983 年，我與兩位同事共同創業，經營了一家管理顧問公司。我們很清楚，為前任老闆工作時，我們的工作時間極長，而且必須經常出差，這對生活造成了負面影響。

如果你發現自己身陷一個前景黯淡的處境時，通常會怎麼辦呢？也許你會更加努力，想用更長的時間、更多的精力來加以扭轉。也許你會覺得，只要分秒必爭的不停工作，把工作做到最好，那麼財富和地位就自然來到你身邊。

這是真實的答案嗎？不是，只有知道自己最喜歡什麼和最擅長什麼，你才能有一個合理的選擇。如果選擇了一條不適合自己的道路，走上了一個不適合自己的職位，雖然努力地工作卻很難走向成功之路，只有做得更加聰明才是更好的辦法。

我們知道，一個人的發展在某種程度上取決於對自己的正確定位。你在心目中把自己定位成什麼樣的人，你就會是什麼樣的人。因為定位能決定人生，定位能改變人生。

對每一個員工進行詳細的職務設計是沒什麼必要的，對於個人來說，要知道自己應該做什麼，才可以避免在職場上迷失方向。

我們在工作、學習、生活中都想找到一種事半功倍的好方法，但是，怎樣才能掌握這種方法呢？

第三章　根據自己的具體情況選擇職業

最重要的就是要知道自己人生最關鍵的事是什麼，然後努力去做好它，比如說在工作中應該掌握關鍵地方，不要要求面面俱到，盡量避免繁瑣的流程。

張文濤是一家廣告公司的總經理，有一天，他想在自家的陽臺上設計一個小花池，他對設計師說了自己的要求，自己工作非常忙，經常會出差，所以沒有多少時間料理小花池，讓設計師設計出自動澆灌的裝置。設計師對此無可奈何，對他說：「你應該知道，一個沒有園丁的花池怎麼可能長的出美麗的花朵呢？」這個故事告訴我們做事情要抓住關鍵，做事才能事半功倍。

很多人會被老闆或公司埋沒，有很多人都是因為沒有找到讓自己為之獻身的職業目標，成功的人都是把自己的目光集中在目標上，在向目標前進的過程中吃苦耐勞，全力以赴，所以才取得了傲人的成績。

在各種各樣的職責中，有些職責以團隊的方式履行可以取得很好的效果；而另一些職責，讓個人單獨去履行效果則會更好。那麼我們如何才能找到自己的位置呢？

心理學家為了幫我們進行準確的定位，找到最好的結合點，為我們找到了很多測試工具，一些公司在應徵員工時也對求職者做一番性向測試，因為只有把那些人放在最合適的職位上，才能發揮出他最大的能力。

　　拉馬克出生於法國皮卡第巴藏坦，他是兄弟姐妹中最小的一個，最受父母的寵愛。他的父親希望他將來能做一名牧師。於是送他到神學院讀書。後來德法戰爭爆發了，他當了兵，後來又因病退伍，愛上了氣象學，立志要做一個氣象學家，再後來，拉馬克在銀行找到了一份不錯的工作，就又想做一個金融家，過了一段時間，一個偶然的機會，他又愛上了音樂，後來聽從了哥哥的勸告，學了四的醫，但他對醫學一點都不喜歡，在他 24 歲時，遇到了法國著名的思想家、哲學家盧梭，在他的引導下，拉馬克對科學產生了非常濃厚的興趣，從此以後，他就潛心的研究植物學，寫出了名著《法國植物志》（*French Flora*），到了五十歲，又開始潛心研究動物學，三十年後終於成為一位著名的動物學家。

　　仔細思考後，你就會明白了，人生的不平衡都是因為我們急著扮演一個角色卻忽略了其他更為重要的角色。

　　其實生活就是各種角色的組合，這種組合是無次序性的，你不用在每一個角色上都花費同樣的時間才能取得平衡，而要抓住關鍵角色，扮演好它。

　　只要你能了解到各種角色之間的關係，並找到你人生中最關鍵的那個角色，努力為之奮鬥，一定會有點個成功的人生。所以說，從現在開始要對自己有一個清醒的認知，對未來的生活要認真的安排，詳細的計畫，想想清楚，你最看重

的是什麼，對你來說，最關鍵的事情是什麼，你的一生為了什麼而奮鬥，你想要成為什麼樣的人，想要擁有什麼樣的成就，為了這個目標，你要付出什麼？把這些答案記錄下來，你就會發現你對自身的期望，對人生的信念都會越發清晰，你的人生之路也就更加明朗。

選擇適合自己的工作

　　職場人都害怕入錯行，從而影響自己的發展，那職場人應該怎麼選擇自己的行業和職務呢？有句話說的好，適合的才是最好的，據調查，只有不到五分之一的人在做著真正適合自己的工作，而且因為他們對自己的職業分析的非常透徹，所以前景非常不錯；一半的人和自己的工作只有基本合格水準的契合度，這就造成了他們的就業範圍非常狹窄，餘下的就是和自己從事的工作不適合的人，那麼什麼樣的工作才叫適合你的工作呢？它有三個標準：

❖ 工作的內容完全符合個人的興趣愛好，可以把人的工作熱情和職業志向都激發出來，使個人能力得到滿足，可以把工作做得得心應手，也就是說你願意從事這份工作，也完全有能力勝任，同時這份工作也能為你個人能力的發揮提供了一個好的平臺。

❖ 你從事的工作可以為你提供一個可持續發展的空間或是

可持續發展中某一個階段的經驗的累積，可以讓你看到工作的未來，事業發展的前景，可能這個工作不是你的最終目標，但它可以讓你從這個工作中得到很好的鍛鍊學習和提升的機會。

❖ 工作的待遇可以基本展現出你的職業和個人價值。小偉喜歡按部就班，從容不迫地做事情，非常喜歡做一些操作性強的事情，他就讀於科技大學，大學裡學的專業是訊號和資訊處理。他在大學期間是一個很善於學習的人，也是很善於應對考試的人，所以儘管對於自己的專業沒有很高的熱情和興趣，但他還是認真的學習，而且學的非常不錯，到了畢業時他才發現，自己並不喜歡做研究，而周圍的學長、學姐，包括老師對他的評價也是不適合於做研究。

這樣，他的困惑就凸顯出來了，畢業以後做什麼，他自己做了一些思索和探究，他發現他目前有三條道路可以選擇，一個就是根據自己的，原來的專業方向選擇去做研發工程師，做工程師也是有利有弊，可以學到一些知識，不利的就是他不喜歡。第二是公務員，由於受到家庭的影響，但做公務員就要放棄自己從前的所學。第二個就是公務員，因為受家庭的影響，但是他有疑惑，做公務員會放棄自己原來的學習。對於第二點小偉也抱有疑慮，因為他很困惑，自己到

底應該怎樣選擇，後來他選擇了一個折中的方案，做客服工程師，會和技術打交道，也會和人打交道，這樣就滿足了他目前的需求，所以他選擇了做客服工程師。

職業的選擇是人生中一件大事，成功人士都是揚長避短的選擇了最適合自己能力、興趣愛好和個性特徵並和自己的個人條件相適應的工作，如果選錯了職業，就有可能遇到挫折和坎坷，所以，怎樣選擇一份適合自己的工作，一定要謹慎，有以下四個影響職業選擇的因素，你要仔細考慮。

▍能力特徵

職場上的任何一個職業對勞動者的能力都有自己的要求，勞動者的能力直接影響著工作的效率，如出納、統計等工作，就要求工作者有較強的計算能力；對於服裝設計和室內設計等工作就要求工作者具備空間判斷能力；對於運動員、外科醫生等職業則需要具備眼和手的協調能力，在選擇職業時不可以只從興趣出發，好高騖遠，要清楚準確的知道自己的學識水準和工作能力，這樣才能找到最適合自己的工作。

▍興趣愛好

興趣能讓一個人從心底裡希望了解和掌控某種事物的心理傾向，它的人類最好的老師，有著一股神奇的力量，人們

一件事工作感興趣，就會對這種職業活動表現出肯定的態度，在工作中積極進取，努力工作，這樣的工作態度最有助於事業的成功，否則，對於一份自己不喜歡的工作，就會有一種被強迫的感覺，對精力和才能都是一種浪費，興趣引導愛因斯坦走進科學迷宮，最終成為一位世人矚目的科學巨匠，音樂是貝多芬的最愛，這才使他最終成為偉大的音樂家。

　　人們的興趣都不一樣，這種興趣上的差異會給人們選擇職業時的心理取向上以引導作用，不同的職業都需要不同的專業技能，不同的專業技能都需要不同的興趣特徵，一個善於與人來往的行銷和公關，在洽談業務方向，會得心應手，但如果硬要讓他在技能領域工作，他就會覺得自己英雄無用武之地。

　　一個人的興趣愛好可能非常廣泛，一般來說，興趣愛好越廣泛的人在職業選擇上就會更加自由，可以找到各種不同的工作，興趣廣泛一些能讓你可以有更多的機會注意和接觸多方面的事物，為自己選擇職業創造一個更加有利的條件。

▋ 氣質類型

　　心理學中氣質分為多血質、膽汁質、黏液質、憂鬱四種類型，這些不同氣質的人在日常工作和生活中的心理活動和表現出來的行為方式也會有所不同，比如說：多血質的人就

第三章　根據自己的具體情況選擇職業

　　會非常活潑好動，反應很靈敏，更愛和外人來往，興趣和情趣非常容易改變。膽汁質的人精力旺盛，易衝動，性情暴躁，心境變換劇烈。黏液質的人較沉默寡言，安穩莊重、情緒不易外露。憂鬱的人行動遲緩，性情孤僻，善於觀察其他人不太注意的小細節，有些內向。氣質本身沒有什麼好壞的分別，每一種氣質都有它自己積極和消極的部分，多血質和膽汁質的人更適合做一些迅速、靈活反應的工作，黏液質、憂鬱的人非常適合一些需求細緻的工作。

　　氣質會制約到人們的職業選擇上，也是重要的因素之一，不同的職業對人的氣定有不同的要求，比如說醫護人員就要求工作人員細緻耐心，氣質是具有相對的穩定性的，但是也可以透過後天的鍛鍊加以改造，發生改變，況且大多數人都會是幾種氣質的綜合體，很少有人只屬於某一種氣質，所以這樣在選擇職時就可以發揮自己的長處，揚長避短了。

▌個人性格

　　性格和氣質不一樣，社會評價對他們有非常明顯的好壞的分別。很多工作對性格素養有自己的要求，想要選擇一個職業就要具備這個職業所需要的性格特徵，如教師的職業，除了要具備豐富的知識和專業的教學能力外，要具備敬業、正直、有責任感的良好的道德素養；醫生除了要求專業的醫術外還要有救死扶傷的精神和細緻耐心的工作態度，事實證

明，沒有良好的和職業需求相適應的性格素養，就不能更好的適應工作。

在選擇職業時，除了受以上的各種因素影響外，還要性別、年齡、所學專業和身體狀況等條件的制約，這些將會在一定程度上影響你一生選擇職業的方向，是不能忽視的因素。

想要獲得成功就必須要有一個周密的計畫和安排，對職場人來說，選擇自己的工作，對自己將來的職業發展非常關鍵，你要根據自身的情況來規劃自己的職業生涯，選擇適合自身的工作平臺，激發出更多的職業潛能，達到更高的職業高度，讓自己的職業發展之路走的更遠更順暢。

要有自己的主見，不要隨波逐流

每個人都應該有一個目標，信服它並為之奮鬥。當明確了自己的人生目標後，你便找到了奮鬥的方向，而且會明白：什麼事情是重要的，什麼事情是不重要的；什麼樣的知識是必須掌握的，什麼樣的知識即使不掌握也沒關係。

很多成功人士都有同樣的感受：一個明確的奮鬥目標可以給自己帶來熱情，迸發出火花，就像一個成功的助推器，可以把自己推向成功，如果一個人沒有一個明確的奮鬥目標，就會失去使命感，失去進取的動力，導致個人的失敗。

第三章　根據自己的具體情況選擇職業

　　一個明確的奮鬥目標可以激發我們的奮鬥鬥志，把我們內在的潛能激發出來，沒有一個明確的奮鬥目標，你的夢想就沒有一個家，就好像一個跳高運動員，如果沒有給他放一根橫桿，他就會漫無目標的自由跳高，可能就永遠不能跳出好的成績來，這根橫桿就是他的奮鬥目標，有了它，才可以讓他不斷的超越，不斷取得更加傲人的成績，職場新人一定要有自己的主見，不可以隨波逐流，別人做什麼就跟著別人做什麼，在行動前要好好的思考一下以下幾個問題？

❖ **深造，還是工作？**選擇深造，還是選擇工作，這是你面臨的第一個決策。深造還是工作除了從個人興趣角度考慮以外，還要考慮一些客觀因素，如我的成績在班班排名如何？憑我的能力是否能考上？我所學的專業在找工作時是不是非常困難？我的父母是否希望我繼續深造？等一系列問題。

在選擇深造之前，要有一個明確的人生定位，好好考慮一下這樣一個問題：自己到底為什麼要深造？切忌隨波逐流，為深造而深造。現在選擇深造的人大部分都是以下幾種情況：改變所學專業、繼續深造、為了緩解就業壓力、隨波逐流。

· **繼續深造的人**：這些人想向自己的家人和親戚朋友證明自己的實力，其實深造是需要大量的金錢和精力

的，如果你只是為了這些沒有實際意義的原因，還是不要考的好，其實研究生考試的是否成功和自身的實力沒有什麼直接的關係，如果單純的想要證明自己，可以選擇其他更加有效的方法，並不是只有深造這一條路。

· **為了緩解就業壓力的人**：這些人總是害怕走出校門後找不到合適的工作，為了逃避現實就把校園當成了避難所，這些人其實完全是在自欺欺人，也是對自己的不信任，你自己不努力去找工作，工作絕不會主動來到你的眼前，躲的了一時，躲不了一世，你總不可能永遠一直深造，永遠不出校門，永遠不進入職場吧？就算你研究生畢業後還是要找工作，再說將來的就業狀況是怎麼樣誰能說的準呢？這種思想完全是錯誤的思想，既然你已經長大成人了，就應該盡自己的一份責任和義務，誰都不可能永遠陪在我們左右，讓我們永遠在校園裡當一個無憂無慮的學生，人早晚都是要面對現實的。

· **隨波逐流的人**：這部分人選擇繼續深造完全是因為看到別人都在考研究所，自己如果不考研究所，就不符合時代發展的潮流，如果是懷著這樣的想法選擇深造，還不如不去深造呢？這樣的想法簡直是在濫竽充

數。所以大家對於是否要深造的問題要慎重考慮，如果你認為深造可以給你帶來更加廣闊的發展空間，那麼你就可以繼續深造，繼續學習，如果只是為了著別人的尾巴走，那麼不管是在你的學習還是在工作和生活中是一點意義都沒有的。

❖ **大企業，還是小公司？** 選擇大公司還是小公司就職，是一個很讓人頭疼的事情。去大公司工作，你的待遇和福利都會有很好的保障，但是個人發展的機會就會少很多。雖然這些大公司說自己公司的發展機會非常多，但是那裡人才非常多，假如你不是最優秀的，就很容易會被埋沒。小公司能給你一個非常廣闊的發展空間，尤其在那些「知識型小巨人」的高新技術的公司，雖然這些公司的規模都不太大，但他們的知識非常密集，發展的速度也非常快，其他的公司根本沒有辦法和他們比。

所以，一定要好好考慮清楚你想選擇做「雞首」還是「鳳尾」，想過穩定的生活的人非常適合選擇大公司，喜歡冒險的人更合適選擇小公司。當然了，在去小公司任職前，還是要對這家公司進行非常深入的了解，覺得它一定很有發展前途後，才能再做選擇。

❖ **專業，還是興趣？** 假如你所學的專業是現在最熱門的專業，像電腦、電子商務、AI機器人、大數據、區塊鏈

等專業，你就可以非常容易的找到和你所學的專業較適合的工作。假如你所學的專業是現在不太受關心的專業或是長線專業，在選擇職業時，要想清楚是要堅持自己所學的專業，還是要從自己的興趣愛好出發，找一個自己喜歡的工作。假如你所學的專業長久以來就不太容易就業，就最好要從自己的興趣愛好出發找工作了。當然了，假如你特別喜歡你所學的專業，在學校就讀時的學業成績也非常優秀，你就能繼續堅持按照自己所學的專業找工作了。

陳寶琳是一名即將畢業的大學生，所學的專業是電氣工程及自動化。這個專業將來的就業方向一般都是建築行業的電氣設計，或施工管理以及製造性企業工程部的電氣維護。

可是陳寶琳一點都不喜歡自己所學的這個專業，學測時由於自己分數不太高，才選這個專業的。她一點也不想將來的工作要和這些圖稿在一起，整天的設計藍圖，這種工作非把她弄瘋了不可。她是一個非常開朗，活潑可愛的女孩，平時很愛和人聊天，善於和人溝通，上大學時就參加過許多社團活動。她希望以後可以做一些能經常和外界或人接觸和溝通的工作，比如市場、諮詢類工作或記者等。

但當她和周圍的人溝通自己有這樣的想法時，許多人都勸告她，四年的專業放棄了真的太可惜了，再重新去應徵其

他的職業，更談不到什麼專業優勢了。

　　陳寶琳想了想，覺得大家說得非常有道理，假如去應徵自己喜愛的工作，一點相關專業背景都沒有，和那些相關科系的畢業生相比，可能連一個面試的機會都爭取不到，他根本就沒有把握在成千上萬的應徵者中脫穎而出，就算她僥倖有了一個面試的機會，更不用說有什麼突出的優勢了。

　　心裡雖然這樣想，但她還是覺得很不甘心，後來，陳寶琳仔細的分析了自己選擇職業的優勢和劣勢：她在上大學的時候，就曾經是學校演講社團的重要成員，還代表學校參加過比賽，為學校贏得了許多的榮譽，這就是她強過他人的優勢。但她知道自己身上的不足，那就是自己並不是新聞系畢業，假如去應徵非常喜愛的記者工作可能就會受到限制，而且面對眾多相關科系的畢業生，自己更是難以勝出，於是，陳寶琳在參加記者工作的應徵前，把自己的履歷精心的改了又改，把自己的優勢都淋漓盡致的表現了出來，終於透過自己的努力得到了自己喜愛的記者工作。

　　在這裡想建議職場新人們求職前要給自己一個客觀正確的定位。

❖ **找工作時不要侷限於專業**：做一份工作需要具備什麼樣的個人條件和職業需求，是視工作的情況和內容而定的，很多工作對就職人都不會有特別的專業背景要求。

也就是說，不管你學的專業是什麼，只要你有相對的興趣與能力，都可以從事這些工作。實際中，你也會發現，很多職位的應徵都是不限科系。所以，在尋找工作時，你完全沒有必要侷限於自己的專業。

你可以尊重自己的意願，去尋找喜歡的工作。因為職業興趣對人的行為有強大的驅動力，在這裡要特別強調一點，對畢業生來說，確定從事的職業有重大意義。因為在工作一段時間後，改變職業會非常困難，到更好的公司做相同的職業卻會容易很多。

❖ **制定選擇職業目標**：要突出自己的競爭優勢，除了在履歷製作與面試技巧上面下功夫外，其實更重要的是先制定選擇職業目標。可以這樣說，制定選擇職業目標是策略層面的問題，而製作履歷、面試等行動是戰術問題。戰術要以策略為導向，如果策略都錯了，戰術再好也沒有用。制定選擇職業目標中最重要的是確認從事的職業，步驟如下。

· 了解典型職業的工作內容與要求：不僅僅是了解你想從事的市場、記者、諮詢業顧問等工作，而是要全面了解現有的典型職業。因為初涉職場的人可塑性很強，職業選擇的範圍很廣，全面了解這些知識才能防止錯誤選擇與遺漏。了解這些知識的常規管道有：查

閱各類資料、詢問從事相關工作的人，諮詢專業的職業顧問等。

· 明確自己的職業興趣：在全面了解典型職業的基礎上，判斷自己對那些職業有興趣。如果自己不能準確判斷，可以做職業興趣測驗或諮詢專業人士。

· 了解有興趣職業所需關鍵能力與知識：它們需要具備什麼專業背景、學歷、證書及關鍵能力？

· 評估自己是否具備相對的能力與知識，確定從事的職業：如果你具備相對的能力與知識，或者不具備但容易獲得，你就可以從事喜歡的職業；如果不具備又很難獲得，就要了解其他職業需要的關鍵能力與知識，再確定擅長的職業。

· 在確定了職業後，再確定選擇職業目標中的行業、公司、從業狀態等其他要素。

❖ **透過有效行動達成選擇職業目標**：制定了合理的目標以後，還要透過有效的行動來完成目標。可採取的行動包括調查確定目標公司、製作履歷、爭取面試機會等。

有主見在於要見多識廣，在於多思考、多分析、多判斷，多實踐，從書報雜誌、從影視作品、網路社群平臺（FB、IG等）訊息，甚至從朋友談話中吸取經驗教訓，充實自己，切記千萬不要人云亦云、隨波逐流！

不同的性格有不同的用武之地

踏入職場前需要明白的第三個要點是：不同的性格有不同的用武之地。

性格與職業的匹配非常重要。不同的人性格特點各不相同，如果能夠按照性格特點來找工作，那麼更容易找到適合自己的職業。

通常，人們會認為那些具有性格劣勢的人不容易做出成就來。比如說性格非常內向，不善於表達自己，不太懂得人際社交等等，這些人可能比那些善於表達自己的人遇到的障礙更多一些。事實上，不同的性格有不同的用武之地，只要針對自己的性格善加利用，同樣也能獲得成功。

很多例子說明，性格並不是阻礙職業發展的「缺陷」。不同的性格有不同的用武之地，關鍵看你如何有針對性地去發揮。性格與職業不合的時候，就會造成職業障礙。因此，能否找到與自己性格相投的職業，就成了職業規畫中一件極其重要的事情。

說到性格與職業匹配的問題，我想起我有一位性格很好的朋友，當初他在一家公司的市場部上班。工作的時間雖然不長，卻給公司同事們留下了很好的印象。他工作認真負責，兢兢業業地做好每一件事。沒有什麼大的功勞，也沒有出過什麼差錯。但是，在老闆的眼中，他絕對不是提拔的對象。

第三章　根據自己的具體情況選擇職業

　　一直以來，他從事的是流程化的作業，非常的單調乏味，因此他覺得做得非常不開心。他明白自己在企業中屬於可有可無，隨時可以被新人代替的人物，光靠自己現在的工作經驗，要想得到晉升是非常困難的。他感到前景黯淡，提不起上班的熱忱。

　　後來，我和他一起對他的性格特點進行了分析。結果發現他性格中穩定的成分居多，做事小心謹慎，屬於內向型性格。在市場部這樣一個競爭激烈的部門，如果缺乏創意和冒險精神，那麼這種性格是很難站住腳的。

　　在我的建議下，他經過一番綜合考慮之後，就轉到更加適合自己的人事部門進行工作。由於這個職位需要嚴謹安靜的性格和人際親和力，而這些恰好都是朋友與生俱來的特質，他在這些方面更能做得得心應手。時隔不久，他的薪水比原來上漲了不少。

　　所以，我想告誡大家的是：每個人的性格特點各不相同，如果不能及時調整自己的方向，找不到自己擅長的職位，可能職業生涯蒙上陰影；如果能找到適合自己的職位，無異於如魚得水，做起工作來就更能左右逢源。

　　如果不能及時根據自己的性格進行工作調整，哪怕暫時拿到了高薪，但以後，自己也會越做越煩悶，不僅自己不開心，背負的壓力大，而且上升的餘地也會變得相當狹窄，不

可能滿足個人的發展需求。

因此，我給大家的忠告是，每個人都有自己獨特的性格優勢，盡量找到適合自己性格的工作，這樣就會為職業的成功搶先一步奠定基礎。要總結自己性格的優缺點，合理地進行分析，用科學職業的眼光來看待自己的優勢，這樣才能快速找到性格與職業的匹配點。

比如：一些個性保守、被動，對於細節非常重視的人，可以從事那些事務性、勞務性、重視細節、瑣碎、刻板、繁雜的工作，像會計、祕書、操作員、事務員等。而一些性格開放積極，運作及協調能力出眾，善於處理各種人際關係的人，可從事一些開放的、多變的、主動的，對口才要求較高的工作，比如說行銷、公關、業務、廣告、門市、櫃臺工作等。

在確定了自己的性格類型之後，可根據自己的性格來選擇工作。只要找到適合自己的工作，就有了發揮的基礎，也更能勝任工作，獲得更大的快樂和成就。性格比能力更重要，如果性格與工作不合，再好的能力也難以發揮。

做好面對人生的選擇

我們能不能找那麼一天，一個人靜靜地想一想，如果我們自己就是生活的主人，我們會選擇什麼樣的學校，學會什

第三章　根據自己的具體情況選擇職業

麼樣的專業，結交什麼樣的朋友，穿什麼樣的衣服……人生就是選擇。如果你僅僅只是想輕鬆自在地享受每一天，為什麼不這樣做呢？做自己的主人，選擇如何面對人生。

也就是說，每個人都有選擇的權利，正確運用選擇權的前提是：首先確定選擇的根據和標準，以此作為你進行選擇的準繩。每當你運用選擇權進行選擇的時候，都要用這個標準作為尺來衡量一下，看看它是否符合你選擇的準繩。

比如一個人手中拿著一本自己很感興趣的書站在牆角，一隻腳踏地，一隻腳向後蹬在牆上，可以連續幾個小時保持這一姿態，並且不感覺乏累，相反還其樂融融。假設同一個人，只是手中沒有了那本令他感興趣的書，再讓他以相同的姿態站在牆角下，過不了幾分鐘他便會感到腰痠腿痛，堅持不住了。工作與此道理相同。所以，一個人在運用自己的選擇權選擇其職場位置時，一定要以自己的天賦所在為依據，以自己的喜好為準繩，以自己的興趣為尺度。只有這樣你才不會覺得工作壓力越來越大，情緒越來越緊張，沒有成就感。相反，你不僅會擁有一份得心應手的工作，還會享受到工作給你帶來的美好感受。

我有一位朋友，已經 52 歲了。他是一家基礎穩定的製造公司的執行副總裁。他本身是個工程師，同時也有很傑出的管理才能。可是在他的身上卻發生了兩件對他很不利的事

情：當經濟不景氣時期來臨時，一家跟他們競爭的公司有了新發明，使得他公司的生產線完全停頓了下來。他的公司宣布關閉時，正是就業機會最少的時候，尤其是一個過了50歲的人，更難找工作。最後，情況越來越糟，只要能找到工作，不管什麼工作他都願意接受。他並不氣餒，他只希望能夠工作。事實上，他必須找個工作。他敲了很多家公司的門。「對不起，現在並沒有任何工作職缺。把你的資料留下來吧。」就是如此，一天一天地過去。

最後，有一位人事經理在看過他的人事資料之後，有點猶豫地說：「你有很好的工作經驗。我們現在並不缺人，但不久以後，我們將有一個空缺，職位很低，我相信你可能不會有興趣。問題是你的條件太好了。」

「條件太好，沒有這回事。我雖然是個工程師，也可以拿起掃把。我將向你證明，我是本地最好的一個打掃工人。」他真的被錄取為管理員的助手了，也就是一名打掃工人。但是，他把他的技術，應用在他的打掃工作上。他十分努力，因為把每件工作都在預定的時間之前完成，然後回去要求指派更多的工作。

後來，他成為那家機構的某部門經理。再後來，他成了該公司的總經理。

這就是選擇的力量，只要你積極地選擇權利，你就會對

第三章 根據自己的具體情況選擇職業

你的人生做出最正確的選擇,並使你的人生充滿著輝煌。

幸福,尋找它的人多,得到它的人少。人們常常以為,在金錢、財產和人際社交中能夠找到幸福,可是他們卻忘了,幸福並不是得到什麼,它是心靈在感受到自我實現時所處的狀態。一個每天帶著期望去生活的人,一個在生活中感到快樂滿意的人,可以說,都是幸福的寵兒。幸福是自然的,不幸是因為我們內心所具有的恐懼、焦慮和緊張。多數的人只是在短暫爆發的時刻才感覺到片刻的幸福,然而,事情過去之後,他們又重新回到日常的狀態。

那些把自己的喜怒哀樂完全寄託在外物之上的人,幸福的大門並不會向他打開。希望自己幸福嗎?我們完全可以自己選擇。當然,你可以讓外界事物來決定你的幸福,但你也可以憑自己所做的一切而感到幸福。這時候,即使生活中發生了各種不幸,也不會妨礙你去選擇幸福。你的生命還在,你的呼吸未停,你還可以看著這本書,從中吸取養分,生活中會有很多讓你感到幸福的事。即使其他的暫時你還無法做到,至少,你還擁有掌握幸福的能力。

不要活在過去,我們要掌握的是今天、明天,我們需要的是未來的幸福。你的態度決定了你的幸福:如果你消極悲觀,處處不滿,整天唉聲嘆氣,那你永遠也進不了幸福的大門。

　　要相信自己配得上幸福，重要的是這種信心，有了信心，也就有了幸福。拋開你從前對生活的那套憤世嫉俗的觀點，鼓勵自己繼續往前，去接受變化，去擁抱原本就屬於你的幸福，去做希望和成功的忠實信徒。這一切，需要的只是勇氣，而這種勇氣就在你心裡，喚醒它，抓住它，你就會擁有更美好的生活。

　　不要自己畫地為牢、作繭自縛，要讓新鮮的空氣進入自己的內心，不要在那骯髒單調的巢穴裡坐等生命的流逝。一個對自己所做的事情絲毫不感到樂趣、意義的人，是不可能產生幸福的感覺的。變化，要記住，首先是變化，有了變化就有了幸福的可能；它就是動力，就是輪船，會把你帶到想去的地方。

　　生活不是重複，你今天所做的，完全可以和昨天不同，你永遠有用不完的機會。而幸福，首先就意味著尋找機會、掌握機會。如果覺得現在的一切並不能帶來成就感，並不能讓你滿意，那麼為什麼不去改變它呢？去尋找你的目的、你的意義，然後全身心地投入吧！在這點上不必吝惜時間，因為它帶給你的將是幸福。逼迫自己去面對變化、接受變化，幸福，就在你的選擇中！

　　世界上最幸福的人，是那些克服了艱難險阻、忍受了長期的煎熬，但始終在鬥爭、在堅持的人。就我個人所見，最

幸福的；也是那些不怕付出、不怕犧牲、勇於嘗試、勇於冒險的人。沒有經歷苦難波折，沒有經歷生死搏鬥，就不可能有幸福。

想一想自己走過的路，自己克服的那些阻礙，在挫折和奮鬥響自己得到的教訓和經歷；想一想，自己最幸福的時刻，難道不正是經過努力堅持，終於攻克重重難關的時刻嗎？不正是自己開始還心有怯意，最終卻出色地完成了一項任務的時候嗎？或者，是自己本來都以為不能堅持，以為苦難不會結束，最終咬牙卻挺過去的時刻嗎？

生活隨時隨地會遭遇各種挑戰。我們越是能夠將不利變成機遇，就越有可能過上幸福的生活。你的生活將變成一場沒有間歇的盛大慶典，所有機會來臨的時刻都是你的節日。沒有什麼能夠約束你思考、行動的自由，沒有什麼能限制你去發展這些方面的能力。你完全可以享受生活的種種樂趣，你唯一需要的是給自己去接近、去達到、去創造歡樂的機會。

▍及時調整你的工作定位

有一些人或許有這樣的經歷和感受：那就是他們對自己也有很高的定位，也知道自己應該往哪個方向努力，想要達到的目標是什麼，可感覺就像打靶一樣，子彈總是偏離靶心

的位置。其實，出現這種情況是正常的。我們所處的環境時刻在發生著變化，我們對自己的定位也應該據此做出必要的修正，不然我們所有的努力都只能像脫靶的子彈，永遠也不會打在成功的靶心上。

很多人應該都聽說過摩洛·路易斯，他的非凡成就的取得，就得益於他對自己定位的兩次修正。

在 9 歲的時候，摩洛隨著家人一起搬到了紐約。他的家人都愛好音樂、喜劇，在這種環境的薰陶下，他也成為一個小音樂天才，幾乎能演奏所有的樂器。很多人都認定，他將來肯定會成為一名出色的交響樂團指揮。誰知 12 歲的摩洛卻開始學賣雞蛋，且還做得有聲有色，因為生意好，還雇了很多人為他工作；14 歲的時候，他獨立組織了一個舞蹈團；高中畢業，他又投身新聞界，擔任一名採訪記者，並與許多新聞界老前輩一起工作。後來他又到 Veiw 廣告公司任職。

對於他在 Veiw 廣告公司的情況，他後來回憶道：「記得，那時候我經常在外面跑，一天的工作非常忙碌，用別人的一句話說就是成天像瘋了似的。我們是 6 點下班，下班後我還要到哥倫比亞大學上夜校，主修廣告。有時候，由於工作尚未完成，下課後，我還要從學校趕回辦公室繼續工作。從 11 點工作到第二天凌晨兩點。」

20 歲時，摩洛放棄在廣告公司內很有發展的工作，決心

自己創業。這次創業是摩洛人生的第一次奮鬥。他從事的是創意的開發。這是一個全新的事業，沒有人知道結果會是什麼樣的。

摩洛的創意，主要是說服各大百貨公司，透過一些電臺或電視公司，成為紐約交響樂節目的共同贊助人。他本人認為此法可行。一方面當時的百貨公司業績不好，都希望能借助廣告媒體提升形象與銷售成績；另一方面，交響樂在紐約的聽眾眾多，有很大的發展潛力。

說服許多家獨立的百貨公司，分別採納各公司的意見加以整合，這種事情過去從未有人完成過，更別說要他們拿出幾百萬美元的經費來。大部分人都認為他會失敗。

摩洛並未因此消沉，反而更加積極地在各地進行說服工作。結果是任何人都沒有想到的，他做得非常出色，並且得到了許多企業的認可。那些認可他的企業都覺得摩洛的創意很有價值。電視臺對摩洛提出的企劃方案也很接受。在接下來的時間裡，他幹勁十足地和電視臺經理一起展開一連串的廣告活動。摩洛為此得到了巨大的利益。

當我們在進行一項工作的過程中，或許開展得並不比別人差，甚至比其他人要好些，但它並沒有帶來我們想像中的那種成功感，此時就應該像摩洛在 Veiw 廣告公司一樣，重新審視現在從事的這份工作、審視這個行業與自我。我們不

應該害怕修正，甚至改變現在的定位會讓我們失去擁有的一些東西。請相信，我們只有扔掉一些，才能有更多的收穫。在這個世界上，永恆不變的只有變化本身，我們也只有改變才可以有更進一步的成就，這正如美國著名的成功學大師拿破崙·希爾指出的那樣：「沒有改變，就沒有新的開始，也就不會有全新的生活，而新的生活是從給自己重新定位開始的。」

第三章　根據自己的具體情況選擇職業

第四章
為自己工作

　　好好工作，可以讓一個人保持高度的自覺性，把全身的細胞都調動起來，熱情的投入工作，完成自己內心渴望完成的工作，自以為是很多職場人的最大敵人，所以，要想實現自己的理想，就要調整好自己的心態，在日常的工作中，腳踏實地的從一點一滴做起，提升自己的能力，為打造自己良好的職業生涯累積雄厚的實力。

第四章　為自己工作

▌主動工作

　　美國鋼鐵大王卡內基曾經這樣說過：「有兩種人注定一事無成，一種是除非別人要他去做他才會去做，不然的話，是絕不會主動去做事的人；另一種是就算是別人要他做，他也做不好的人；至於那些不需要別人的督促，就會去主動做事，並且一定堅持做好的人必定成功，這種人懂得比別人付出多一點。」

　　對一名員工而言，老闆不在身邊的時候是最容易鬆懈的時候，但是你一定要記住，不管老闆在不在你身邊，你做工作都不能做做樣子給老闆看，而是要發自內心的去勤奮工作，老闆看的是實際的業績和工作效果。

　　許多員工在工作時都是覺得主管分配給自己什麼工作，就做什麼工作，其他的事情都不聞不問，還理直氣壯的認為自己把主管分配的工作做得非常好了，就應該得到獎勵，但是，主管卻更清楚，他的公司更需要什麼樣的人才。

　　勤奮而且樂於主動工作的員工一定會得到老闆的欣賞和器重，與此同時，員工也能得到一份重要的財富，那就是自信，你就會發現自己擁有可以令一個老闆或一個公司器重的才能。

　　把工作當成一種任務的人，工作不積極的人，對著工作不開心的人，經常會對工作發牢騷的人是不會在工作上有很

好的成績的，更不會得到老闆的重用。

小李和小劉同時進了一家超市工作，在開始的幾個月，他們都從底層開始做，都一樣努力的工作，每天工作到特別晚，得到老闆的再三表揚，可是在半年多以後，小劉像被人遺忘了一樣，仍然在最基層工作，而小李則被提升為部門經理了，小劉的心裡特別不是滋味，覺得老闆對人不公平，於是他決定向老闆辭職，並痛斥老闆用人不平等，老闆耐心地聽他說了很多，經過半年的時間，他對小劉已經非常了解了，他工作非常努力，可就是缺少了點什麼，缺什麼呢？

老闆想了想對小劉說：「請你馬上到集市去看看今天有賣什麼。」小劉一看老闆交代自己任務，立刻應聲去做了。不一會兒，他從集市回來了，對老闆匯報：「剛才集市上只有一個老農拉了一車的馬鈴薯在賣。」老闆看著他，問了一句：「一車大約有多少袋？」小劉立刻轉身回到集市去問，很快，他又回到老闆面前，報告說：「一共有 15 袋，」老闆又問他：「價格多少？」小劉再次跑回集市上，老闆看著已經累得氣喘吁吁地小劉說：「你先休息一會，我現在讓你看看同樣的一項任務，小李是怎麼做的。」

說完叫來小李並對他說：「小李，請你到集市上去看看今天有賣什麼。」小李同樣很快地從集市上回來了，向老闆匯報：「集市上只有一個老農在賣馬鈴薯，一車共有 15 袋，

第四章　為自己工作

價格適中，品質也不錯，我帶回來幾個，老闆您可以看一看，這個老農說過一會還有幾筐黃瓜到集市上賣，我覺得價格也算公道，可以進一點貨，我想對於這種價格的黃瓜老闆可能會要，所以我帶了幾個黃瓜做樣品讓您過目，還有，我把那個老農也帶來了，他現在正在外面等著呢。」

老闆看了上眼紅了臉的小劉說：「現在你還覺得我用人不公平嗎？」小李由於比小劉更加積極主動、自動自發的工作，於是在工作中取得了成功。

很多人都像故事中的小劉一樣，主管吩咐了什麼自己就做什麼，從來都不會為工作多用心一些，結果不被公司和老闆重用時，又會感嘆命運的不公平，抱怨自己沒有遇到識才的伯樂，抑怨老闆沒有眼光，看不到自己的才華，看到別人比自己有能力有優勢時，就會對對方心生嫉妒，覺得老闆偏心，從而憎恨老闆，卻從來不會認真的想一想自己身上的問題。

一個員工在工作時是不是主動，是衡量他工作態度的一個重要標準，如果他工作非常被動，習慣被人督促著才會工作，像奴隸被主人督促一樣，一點工作熱情都沒有，那麼，就能看出，這樣的員工將來一定不會有什麼成就的。

主動的工作態度能讓你不斷的超越自我，為成老闆眼中最優秀的員工，那些成功人士就是因為他們是積極主動工作的人，從而獲得了老闆的賞識。

　　老闆都希望自己的下屬對自己忠心耿耿，像自己的朋友一樣，當自己把工作交代給下屬時，他們可以像朋友一樣把老闆的事情辦的穩當出色，沒有一個老闆希望自己的下屬像個奴隸一樣，只有自己下達命令或狠狠打一頓時才肯工作。

　　現在好好回想一下自己的工作經歷，想一想自己至今沒有受到公司的重用，就是因為你工作不夠主動，雖然你也把老闆交代下來的工作努力的做好，但是，在你心裡，卻只是把自己的付出看成一種有償的勞動，用你的付出去換取老闆的金錢，在你的內心深處，並沒有把自己當成公司的一分子，也沒有把自己全身心的融進公司的圈子裡去，而老闆需要的卻恰恰就是那些時刻把自己當成公司的一員，把公司當成自己的公司，把老闆的事情當成自己的事情的人，所以，想要得到老闆的重用，就要徹底改變自己的心態，不再把自己當成一個旁觀者，以主角的姿態為公司工作，為自己工作，終有一天，成就了你的老闆的同時，也就成就了你自己。

對自己的工作責任

　　義大利哲學家馬志尼這樣說過：「我們必須找到一項比優越的教育原則，用它來指導人們向美好的方向發展，讓他們逐漸樹立起自我犧牲的精神，這個原則就是責任，也是他們終生的責任！」

第四章　為自己工作

　　沒有責任感的員工絕不是一個優秀的員工，所有成功的人，都有一個共同的素養：責任感，就算他兼具智慧、學識、機遇、才能等等成功者必備的素養，如果缺乏了責任感，仍然不會成功的。

　　一個沒有責任感的人，不會去認真對待自己的工作，工作業績不好也不會去主動檢討，工作失敗後的責任也不會主動去承擔，只會推卸責任，會較貪玩和懶惰，或許短時間內可以利用自己的小技倆在上級面前順利透過，甚至還會加薪或升遷，但是由於缺少真正的責任感，時間長了，你的工作難免會由於已有的問題產生不好的後果，而主管對你的信任也不會長久，最後只會由於自己的問題而失去了工作。

　　李大強和李小東是一對兄弟，因為家庭條件有限，所以，弟弟李小東在高中畢業後就輟學了，隨著常年在外打工的哥哥李大強來到碼頭打工，兄弟兩人在碼頭的一個露天倉庫幫人縫補大篷布。

　　李大強在外打工幾年了，做工作一直是「差不多就行」的態度，馬馬虎虎交差就完了，而李小東卻和哥哥不一樣，所以，在李大強眼裡，弟弟李小東是個十足的傻瓜，李小東在工作時總是竭盡所能，把工作做到最好，對工作盡職盡職，還經常用自己的時間來加班。

　　有一天夜裡，外面突然下起了大暴雨，李小東急忙起床

穿衣服，拿著手電筒就要出去，雖然李大強再三勸阻，但他還是衝到了大雨中，把李大強氣的直在後邊罵他：「你真是個十足的傻瓜，這又不是你的工作，就算你去做了，老闆也不會給你發獎金啊，再說了，這個時候，誰知道這些工作是你做的呢？」

李小東回頭對哥哥回答說：「如果那些篷布被雨水淋溼的話，公司就會受很大損失，我不能不管啊。」於是他來到公司的倉庫，一個一個查看了貨物，並把篷布補強牢固一下。

就在這時，老闆來到了倉庫，原來，老闆看到外面雨下這麼大，就非常擔心那些貨物，於是冒著大雨來到倉庫查看，正巧看到李小東一個人在那裡認真的檢查貨物，渾身上下都被大雨淋透了，而貨物卻沒有任何損害，老闆看到這種情景非常感動，他當場表示要給李小東加薪，可是李小東卻說：「老闆不用了，我只是來看看我們縫補的篷布結實不結實，而且，我住的地方離這裡非常近，來看一下貨物有沒有受損害只是舉手之勞而已。」

老闆見李小東這麼誠實，而且非常有責任感，於是就把它安排到自己新開的一家分公司擔任負責人。

李大強知道李小東負責的那個分公司要應徵一批新人，所以，就對李小東說：「幫我安排一個好一點的工作吧。」

第四章　為自己工作

可是李小東深深了解自己的哥哥，一口回絕了：「不行。」
李大強對於弟弟的拒絕有點生氣：「難道看大門也不行嗎？」
李小東說：「不行，因為你對你的工作根本不負責任，自
然不會把公司的事當成自己的事來做。」李大強這下徹底火
了，對李小東喊：「你有必要這麼計較嗎？這又不是你的公
司，我可是你親哥哥。」可是李小東卻非常嚴肅地對李大強
說：「只有把老闆的公司當成自己的公司，把公司的事情當
成自己的事情，才能真正對自己的工作負責，只有那種不管
是不是工作時間，都把公司的事情當成自己分內的事來做的
人，我才會錄用。」

　　李小東錄用新人是按著這個要求，而他也是一直保持著
這樣的工作態度，才在幾年以後成為一家大型企業的總經
理，而他的哥哥李大強，卻仍舊在碼頭上縫補篷布。

　　在企業裡，老闆就需要那些敢做敢當，勇於承擔責任的
員工，在老闆心目中的員工，個個都應該是負責人，而只有
那些對自己的工作負責，對公司和老闆負責、對客戶負責的
人，才是老闆心目中的好員工。那些總在推卸責任的人，老
闆可能會因為你暫時還有一些可取之處而不當眾揭穿你的行
為，而老闆的心裡，早就認定你是個不可靠的人，將來必然
也不會重用你。所以，凡事習慣性的推託責任的人，沒有明
確自己的任務，出了問題後就急著推託，這樣的行為不利於

問題的及時解決，對員工的個人發展和企業發展都有不良的影響，如果你有這種推託責任的習慣，請馬上改掉，這都是拒絕承擔個人責任的表現，正確的了解自己，了解到自己的責任，扮演好自己的角色，找出自己以前忽視掉的問題，努力成為一名優秀的員工。

小剛在一家大型汽車製造公司做技術經理，幾百位安裝技工的技術指導和管理都是他一個人負責。有一次，他帶著幾個技工安裝一輛高級小轎車，安裝完畢後，正巧總裁到工廠來巡視，和總裁一起來的朋友突然發現這輛小轎車的安裝存在著非常大的失誤，於是就告訴了總裁，總裁查問了起來，小剛怕自己會受處罰，就說自己剛才有事出去了，也就是說小轎車的安裝問題不是他的責任。而總裁聽了他的辯解後特別生氣，當場辭退了小剛，因為推卸責任而丟了一份本來不錯的工作，這讓小剛後悔莫及。

身為一名員工，在面對責任時絕對不能畏懼、逃避，這樣的做法是懦弱、膽小怕事的表現，最後只會是一事無成。而真正有作為的人，都是勇於承擔責任的人，只有這樣才能抓住機遇並獲得更多的回報。

任何一個人，在社會這個大舞臺上，都有自己的角色要扮演，不管你扮演的是哪個角色，都要謹記自己應該承擔的責任，一個優秀的員工會把職責當成自己應盡的義務，透過

第四章　為自己工作

自己自覺的努力和決然的行動來履行自己的義務。而生活也會給每個人回報的，無論是榮譽還是財富，而前提則是你要轉變自己的思想和認知，培養自己勇於負責的工作精神，一個人一旦具備了這種精神，才能具有改變一切的力量。

▌立即行動，不拖延

美國著名的西點軍校的最後一條軍規是這樣寫的：「立即行動，如果你永遠都不開始行動，那麼任何美好而有創意的好想法都會變成一場空。」

工作就是員工們解決一個又一個問題的過程，如果每個員工在遇到問題時都能立即行動，把問題妥善解決，那麼這個公司必將發展壯大，但是如果把問題都拖延下來，那麼問題只會越來越複雜，越來越難以解決，如果每個員工都這樣，那麼公司一定不會有好的發展，員工的前途也就更加渺茫。

傳說五臺山上有一種「寒號鳥」，長著四隻腳和一對翅膀，春暖花開時，寒號鳥的身上長滿了美麗的羽毛，牠非常懶惰，總是不去找食物，餓了時就吃樹葉，渴了就喝露水，就這樣度過了春、夏、秋三個季節。

轉眼冬天來臨了，天氣特別冷，其他的小鳥都回到了自己早已築好的溫暖的巢裡，而寒號鳥因為平時太懶惰，沒有

在天暖時為自己築好巢，現在只能躲在石頭縫裡，凍的渾身直發抖，不停地叫：「好冷好冷，等天亮了一定要築個巢。」

第二天，太陽出來了，天氣又溫暖了，被溫暖的太陽一晒，寒號鳥就把前一個夜晚的寒冷都忘記了，於是又不停地唱歌：「得過且過！得過且過！太陽下面暖和！太陽下面暖和！」

日子一天一天的過去，寒號鳥就這樣得過且過，一直沒有給自己築巢，終於有一天夜裡，風雪交加，天氣異常寒冷，就在這個夜晚，寒號鳥被凍死在岩石縫裡了。

在現實生活中有很多人像寒號鳥一樣得過且過，做事拖拖拉拉，從來不會立即行動，像寒號鳥一樣，把該做的事一天一天往後拖延，這樣拖下去的結果就可想而知了。

研究證明，世界上有93％的人都是因為拖延而一事無成，因為拖延會降低人的工作積極性，而這種工作積極性恰恰就決定了你日後是否能夠成功，拖延的表現形式有很多種，程度也有所不同，有的員工平時的閒事太多，工作時就不能精力集中，只有被老闆逼著時才會加快工作速度，自己不會去主動工作；有員工對工作反覆進行修改，工作就會被這種無休止的「完善」所拖延；有的員工就算下決心立即行動，不再拖延了，卻找不到行動的方向或是知道應該做什麼時卻不行動；有的員工做事總是磨磨蹭蹭，還覺得自己這樣

第四章　為自己工作

工作是慢工出細活，導致問題拖延；還有的員工情緒不好，對工作沒有熱情，更談不上人生的憧憬。

喜歡拖延的人都是意志脆弱的人，他們不敢面對現實，逃避現實生活中的困難和痛苦，或是目標和想法太多，卻缺乏計畫性和條理性，沒有地方下手，或是沒有目標，甚至不知道應該給自己確立什麼樣的目標。另外，覺得時機不到，還不能開始行動也是拖延的原因之一。

有一位老人身體不舒服，去醫院看病，發現醫生這個職業不錯，於是對他的主治醫師說：「我也想做一名醫生，您覺得我可以嗎？」

醫生聽到老人這樣說，乾脆俐落的回答：「當然沒有問題了，只要您立即行動。」

老人對自己的年紀有點擔憂，於是充滿懷疑的問：「可是，我再過兩年就 70 歲了。」

醫生一聳肩，笑著對老人說：「如果您不去行動的話，再過兩年您也照樣是 70 歲啊！」

如果你已經給自己樹立了一個奮鬥目標，就要立即行動，不要只把目標放在嘴邊，卻不肯付諸於行動，最終只會是一場白日夢，只有那些立即行動，向目標毫不懈怠邁進的人，才有可能實現自己心中的願望。

正是這種立即行動不拖延的精神，讓努力的人在激烈的

商業角逐和競爭中取得了最終的勝利，立即行動就是拖延的剋星，想要成功，就要改掉拖延的壞習慣，立即行動起來。對每一件事都要立即去做，這樣堅持下去，你就可以養成立即行動的好習慣了。

拿一張紙寫上「立即行動」，貼在你的電腦旁或辦公桌上，隨時提醒自己，立即行動。只有不斷地行動，美好的夢想才能變成活生生的現實，才能改變你的人生。

成功來源於熱情

在現實生活中，我們常常會聽到很多人抱怨：「工作太辛苦了，真希望一輩子不用工作。」其實工作是我們生存的方式，我們依靠工作才能有更好的生活，同時也是我們能夠實現自我價值的途徑，要想做出一番成就，就必須付出，人們不熱愛工作的根本原因，其實就是他們只把工作當成謀生的工具，而不是一種事業，一種樂趣，只要你能把工作當成一種樂趣，真正熱情自己的工作，做到做一行，愛一行，精一行，那麼工作對你來說就不是一種痛苦了，而是一種快樂。

美國石油大王洛克斐勒曾經給兒子寫過這樣一封信：「如果你把工作當成一種樂趣，那麼人生就是天堂；如果你把工作當成一種義務，那麼人生就是地獄。」

第四章　為自己工作

　　不管在什麼樣的公司裡，做什麼樣的工作，只要你熱愛你的工作，並充滿熱情的去工作，那麼老闆對你的評價也會越來越高的，也會把重要的工作交給你去做，你就會在工作中找到快樂和滿足，實現自我價值。

　　熱情是成功和成就的泉源，絕不是一個空洞的名詞，你的熱情越高漲，成功的機率就越大，它能讓你把潛力都釋放出來，一個充滿熱情的人，不管做什麼事情都會懷著濃厚的興趣，全力以赴的去工作，不管遇到什麼困難，都會積極樂觀的去面對和解決它，偶爾遇到的挫折困境，也能輕易化解，讓事情朝著他們希望的方向發展。

　　他是一個盲人，從出生時就是，為了能夠生存下去，他繼續了父親的職業，做了一名花匠。

　　他常聽別人說，花是非常漂亮的，色彩斑斕的，可是他卻看不到，他只是在閒暇時，用手去摸花朵，再把鼻子湊過去聞一聞花香，然後在自己的心裡描繪出花朵的樣子，並給不同香味的花朵加上不同的色彩。

　　他是一個非常愛花的人，比任何人都愛，每天給花澆水，定期拔草除蟲，他總會在身邊準備好傘，下雨時替花擋風雨，正午太陽毒辣時替花遮陽光的曝晒，他對花朵這樣呵護備至，令很多人都對他感到很奇怪，對花有必要這樣嗎？然而大家不得不承認，他種的花的確是全城最好的，路過這

裡的人大老遠就能聞到一股迷人的花香，這令人們情不自禁
的停下腳步欣賞滿園的鮮花，色彩斑斕的花總會讓人流連
忘返。

花匠可能是再普通不過的職業了，可是這個盲人卻用自
己的精心呵護，讓花長的特別嬌豔，不管哪個人，只要真心
地熱愛自己的工作，並付出自己的熱情和耐心，一定能做出
讓人羨慕的成績。

伊爾曾經這樣說過：「離開了熱情是不可能有偉大的創
造的。這也正是一切事物所激勵人心的地方，離開了熱情，
任何人都不算什麼；而如果有了熱情，任何人都不能小覷。
我們要把這份熱情都投入到工作中去，發揮出最大的力量。

傑克今年才 13 歲，他在父母的加油站打工，本來傑克是
打算學修車的，但是，他的父親卻安排他去接待顧客，他的
工作內容就是發現有汽車開進來時必須在車子停穩前站到司
機的門前，為車子檢查油量、蓄電池、傳送帶、水箱和膠皮
管等。

雖然傑克非常不願意做這些工作，但他還是非常努力認
真的做著，因為他發現，如果他做得好，顧客們就會再度光
臨，雖然他的父親沒有給他額外的報酬和獎勵，但他還是多
做了很多工作，平時也會主動幫顧客擦掉車上的汙漬。

在傑克工作的時間裡，每隔幾天都會有一位老太太開車

第四章　為自己工作

　　來清洗和保養，這輛車的車內地板凹陷的較嚴重，特別不容易清潔，而這位老太太也特別苛刻，每次傑克清潔完時，她自己都會仔細檢查一遍，稍有不滿意的地方，就要讓傑克重新清潔一遍，直到整輛車一塵不染為止。

　　傑克雖然一直在堅持，但是他的臉上卻表現出了不滿，可是老太太好像故意在難為他，他越是對此不滿，老太太對他的要求越苛刻，終於，傑克忍無可忍了，就向父親坦承了自己的想法，但父親卻對兒子沒有表現出絲毫的同情，而是語重心情的對兒子說：「兒子，你要知道，這就是你的工作，你要永遠保持工作的熱情，不管顧客說什麼或做什麼，都要禮貌周到的為顧客服務，認真的完成自己的工作。」

　　顧客是一個公司生存和發展的基礎，想要讓這些顧客成為公司裡的常客，就要提供他們最好的服務，所以，你要時時刻刻對工作和顧客保持熱情，沒有一個顧客會願意看到一張陰沉的臉，也沒有人會願意和一個對工作厭煩的人打交道，如果一個企業沒有回頭客，那麼它也不會長久的存在和發展下去。

　　只有對工作時刻保持熱情的員工，才能兢兢業業的全身心的去工作，才會對自己的工作全力以赴，那些對工作馬馬虎虎，缺乏熱情的員工，一定會被工作所拋棄，所以，對於一個優秀的員工來說，熱情和熱情是必不可少的。

　　熱情，可以讓你釋放出最大的潛能，發展出自己的個性，讓枯燥乏味的工作變的生動有趣，使你自己的工作和生活充滿活力，也會在物質和精神上得到回報，從而獲得老闆的提拔和重用，為自己贏來寶貴的成長和發展的機會。

　　物理學家愛德華・阿普爾頓（Edward Appleton）發明了雷達和無線電報，曾獲諾貝爾獎，他曾這樣說過：「我認為，一個人想在科學研究上取得成就，熱情的態度遠比專門知識更重要。」伊爾曾說：「離開了熱情是無法做出偉大的創造的。這也正是一切偉大事物所激勵人心的地方。離開了熱情，任何人都算不了什麼；而有了熱情，任何人都不可以小覷。」我們要將這份熱情全身心地投入到工作中去，以此發揮它最大的力量。

　　在工作中保持熱情，會讓你心中永遠充滿陽光，會讓你保持對生命和工作的樂趣。像拿破崙・希爾說的：「保持一顆熱情的心吧，它會帶來奇蹟的。」

小細節決定你的成敗

　　在當今競爭激烈的商業社會中，公司規模越來越大，分工也是越來越細，而絕大多數員工從事的是簡單繁瑣的小事，但正是這一件件不起眼的小事才成就了公司卓著的成績。

第四章　為自己工作

　　每個到過香港迪士尼樂園的人都會留下這樣深刻的印象：這真是一個潔淨的童話世界，潔淨得好像是新開的遊樂園，每一樣設施都清潔如新，乾淨的地面幾乎是一塵不染。在年接待遊客量達到 500 萬人次的情況下，仍能保持得這麼潔淨，這不能不讓人稱奇。其實，迪士尼人並沒有什麼神奇之處，他們只不過是在每一個小細節上比別人做得更認真罷了。

　　有位遊客在迪士尼樂園遊玩時，不小心打翻了可樂，可樂灑到了地上。這時，附近的一名清潔員迅速跑了過來，一邊招呼遊客不要踩到地上的可樂，一邊開始清潔。因為，要是遊客的鞋上沾上了可樂，他所到之處都可能會被可樂弄髒。

　　按照通常的慣例，用拖把把可樂殘跡拖乾淨就好了，但是，那名清潔員進行清潔的步驟卻非常複雜。他首先拿出隨身裝在口袋中的吸水紙，把它鋪在可樂汙跡上，吸乾可樂，然後倒上一點清水，用拖把反覆地擦洗，再用吸水紙把汙水吸乾，然後再重複上述的過程，直到吸水紙上看不到任何可樂的痕跡為止。

　　也許有人認為這位清潔員這樣做完全是多此一舉！有這個必要嗎？還白白浪費那麼多紙！可是，我們細想一下，如果每一片汙跡都不能徹底被處理乾淨，那麼，這麼多片汙染累積起來，它汙染的範圍就非常大了，甚至可以對樂園的環境造成很大的破壞。

這就是迪士尼！正是這些小細節，才成就了迪士尼樂園獨特的獨特魅力，從而吸引成千上萬的遊客為它著迷，流連忘返。

一位總經理想要僱用一名祕書到他的辦公室做事，最後他挑選了一個年紀最輕、相貌平平的女孩。

他的朋友問他：「我想知道，你為什麼會挑上她，她既沒有帶介紹信，也沒有人推薦，最重要的是，她的資歷太淺且相貌平庸。」

這位總經理說：「她的條件很不錯啊，從她一進門，我就注意到她在門口擦去了鞋上的灰塵，進門時隨手關門，這說明她小心謹慎，進了辦公室後，她先向我問好，說明她懂禮貌而且有教養，我故意在椅子上扔了一個紙團，其他所有前來應徵的人都是直接坐在椅子上準備回答我的問題，而她卻把紙團撿起來，放在廢紙簍中，她衣著整潔，頭髮俐落整齊，指甲乾淨，講話不卑不亢，進退有度，難道這些小細節還不能說明她是一個極為優秀的人嗎？」

某些公司在應徵時，更是將這些細節作為考試的題目之一。一個應徵打字員的人會因為雙手呈上履歷時，讓對方看到自己留著長長的指甲而被淘汰；一個應徵倉管的人會因為在走進面試者的辦公室時，無視於腳下的一張廢紙而被拒用；一個應徵經理的人會因為帶了一份浸有水漬的履歷而名

第四章　為自己工作

落孫山……的確，有時候，一件微不足道的小事，可以促成一個人的成功，也可以導致一個人的失敗。

一家工廠打算從美國引進一條無菌輸液軟管的先進流水線，為此，他們作了長時間的努力，終於盼到美方派人來工廠視察，如果視察透過，美方代表就將直接在引進合約上簽字。然而，就在即將簽字的那一天，工廠主管們簇擁著美方代表走向簽字現場的那一刻，副廠長突然咳嗽了一聲，他感到喉嚨裡湧上了一口痰。他四下張望了一下，卻並沒有找到能供吐痰的衛生紙，便走到一旁將痰吐在了牆角，還用鞋底小心翼翼地蹭了蹭。

將這一切看在眼裡的美國人不禁皺了皺眉頭。副廠長隨地吐痰這個小小的細節引起了他的思考：輸液軟管是專門提供給病人輸液用的，一定要保證絕對無菌才符合標準。然而面前這個西裝革履的副廠長竟然隨地吐痰，恐怕這個工廠中的工人素養也不會好到哪裡去，照這樣生產出來的輸液軟管，怎麼可能會絕對無菌呢？於是，美方代表當即改變簽訂合約的主意，斷然拒絕在合約上簽字，副廠長將近一年的努力也因他那一口隨地吐出的痰而前功盡棄。非但如此，本來，簽完這筆合約，他就可以因立了大功而由副轉正晉升為廠長了。那一口痰毀了他的前程，他不但沒有得到晉升，還被降職了。

　　「千里之堤，潰於蟻穴」，一個小小的細節毀掉了副廠長的前程。總之，如同 20 世紀最偉大的建築師之一的路德維希・密斯・凡・德羅（Ludwig Mies van der Rohe）所說：「細節是魔鬼，成也細節，敗也細節，那些無視細節的人，就等於是在跟自己的前途，甚至是自己的命運開玩笑。相反，那些注重工作細節，不忽視每一個細節的人，最終必定能夠成功。」

　　注意大局，也要注意小細節。可以這麼說，任何一個想要成大事的人都應該注意細節，因為細節總是會在關鍵時刻造成關鍵的作用。

　　我們再來看看一些工作中常見的關於細節的小例子。比如：老闆讓你做一份文件或者給客戶發一封郵件，你的結構布局、用詞都很得當，只是裡面的一個有一個錯別字，或者標點符號寫錯了，這時候老闆向你抱怨甚至發怒而完全忽視你為整篇文章付出的勞動，你認為他是小題大作嗎？你如果不注意它，它就會溜出來給你的工作帶來致命的打擊。

　　工作中，我們在掌握好方向的前提下，一定要多注意細節，把工作的每個小方面都做好，只有這樣才對得起自己的努力和熱情，才不會給工作留下遺憾。許多能夠比我們進步快，晉升快的人，都是因為注意了工作中的細節，養成了良好的習慣，才在老闆面前得到了重用，得到了成功的機會。

第四章 為自己工作

業精於勤荒於嬉

羅馬人有兩條偉大的箴言，那就是勤奮和功績，這也是羅馬人征服世界的祕決，那時，任何一個從戰場上次來的將軍都要走向田間，因為羅馬人最受尊敬的就是農業生產了，就是因為羅馬人的這種勤奮素養，才使得整個國家逐漸富強起來了。就連皇帝臨終前留下的一句遺言都是：「勤奮工作吧！」由此可見，羅馬人有多麼重視勤奮的素養。

但是，當羅馬人的財富和奴隸逐漸增多後，他們就變得不再勤奮了，於是，這個國家就開始走向沒落，懶惰導致人們好吃懶做，犯罪數量增多，腐敗滋生，一個高尚而偉大的民族就這樣消失了，由此可見，勤奮是多麼重要的素養。

業精於勤，荒於嬉。勤奮可以讓一個人有所成就，懶惰卻只會讓人遭到失敗，凡是有所作為的人，無一不是勤奮的人。勤奮可以塑造偉人，也能創造一個更好的自己。古今的偉大人物，他們的成功方式可能是多種多樣的，他們的經歷雖然各有不同，但他們勤奮卻是相同的。勤學習、勤累積、勤思考、勤質疑就能使人達到析疑釋惑、豁然開朗的境界。

對於企業中的員工來說也是一樣的，勤奮是檢驗成功的試金石。就算你天資一般，只要勤奮工作，就能彌補自身的不足，取得優異的成績，以自己的行動為他人做出榜樣。

就算你沒有一流的才華和能力，但是必須要有勤奮的精

神，否則就算你的才華和能力無人能及，同樣不會擁有廣闊的職場發展空間。

有些看起來好像馬上就要成功的人，在別人眼裡好像應該成為一個非凡的成功者，但事實上他們卻沒有做到，因為他們沒有為成功付出相對的代價，他們不願意經歷艱難的路程，不願意經過奮鬥，卻只渴望著能一帆風順的抵達輝煌的頂峰，這根本就是不可能的。

有一個出身貧寒的人，從小沒有受過多少教育，只上了一年小學，拿他自己的話來形容就是：「除了寫自己的名字，認識錢上面的阿拉伯數字以外，只能是文字認識我，我不認識文字。」但他是個特別勤奮的人，每天晚上都會工作到凌晨，第二天還要早起繼續工作，正是他的這種勤奮工作的精神，使他取得了很大的成就，後來，他登上了傑出青年榜，成為了一位優秀的企業家。

成功就是需要這種勤奮工作的精神，身為一名員工，勤奮工作是檢驗成功的重要一關，就算你資質一般，所謂勤能補拙，只要你能勤奮的工作，就可以彌補先天的不足，走上成功之路。

有一次，一位記者問李嘉誠：「您成功的關鍵是什麼？」李嘉誠並沒有直接回答記者的回答，而是和他講了一個故事：「日本的「推銷之神」原一平在他 69 歲的一次演講會上，當有人問他推銷成功的祕訣時，他當場脫掉鞋襪，將提

第四章　為自己工作

問者請上臺說：「請您摸摸我的腳底。」

提問的人上前摸了摸，非常驚訝地說：「您腳底的繭好厚哇！」

原一平說道：「因為我走的路比別人多，跑得比別人勤，所以腳繭特別厚。」

提問的人沉思了一會兒，頓然感悟。

李嘉誠講完這個事例後，自謙地微笑著對記者說：「我沒有資格讓你來摸我的腳底，但我可以告訴你，我腳底的繭也很厚。」

李嘉誠早年在茶樓做過跑堂，每天拎著大茶壺，十多個小時來回跑。後來做了推銷員，每天都要背著一個裝有樣品的大包從堅尼地城出發，不停地走街串巷，從西營盤到上環到中環，然後坐輪船到九龍半島的尖沙咀、油麻地，依然是每天走上十幾個小時的路。

李嘉誠說：「別人做 8 個小時，我就做 16 個小時，開始沒有別的辦法，只能將勤補拙。」

李嘉誠腳底上的繭不一定沒有原一平的厚，但他們的腳底上的繭卻充分寫著同樣的一個字：勤！

生活中有很多實例生動的證明了這樣的道理，不管事情是大是小，都試著投機取巧的人，表面上可能會節省了一點時間和精力，但是事實卻會反而讓你浪費更多。

一旦養成投機取巧的習慣，一個人的品行就會大受影響，意志不能堅定，做事也不能做好，最終無法實現自己的任何夢想。

一位先哲這樣說過：「如果有事情必須現在就去做，那麼就要積極投入的去做。」另一位哲人說：「不管你手上有什麼工作，都要盡心盡力的去做。」所以，事事從我做起，事無大小，竭盡全力，追求完美，這才是成功者的做事標準。

在一個企業裡，並不是只要具有傑出的才能就可以得到重用，那些刻苦勤奮的人才有更多的機會。

在工作中，很多人都會有非常好的想法，但只有那些刻苦勤奮的人，才有可能取得更傲人的成績，企業裡非常需要刻苦勤奮的人，這樣才能為你的前途鋪下扎實的路。

成功其實就是人們的智慧和勤勞的結果，而命運就掌握在這些勤奮工作的人手裡，也許他們的才能和智慧比別人差，但他們的務實會在日積月累中彌補這個缺憾。成功的那一刻，就是你前面不停地勤奮刻苦的結果。

年輕的約翰・沃納梅克（John Wanamaker）每天都要徒步4英里到費城，在那裡的一家書店裡工作，每週的報酬是1.25美元，但他勤奮刻苦的精神讓人感動。後來，他又到一家製衣店工作，每週多加了25美分的薪資。從這樣的一個起點開

始，他勤奮刻苦地工作，不斷地向上攀登，最終成為了美國最富有的商人之一。西元 1889 年，他被威廉‧亨利‧哈里森（William Henry Harrison）總統任命為郵政總局局長。

如果你是一個有遠大志向的人，每一天都要問自己幾遍這個問題：「我勤奮嗎？」勤奮的精神是你走向成功的基礎，把你推到成功面前，當終有一日你成功時，可以大聲對自己說：「這是我勤奮努力的結果。」

而懶惰則是成功的天敵。你可以這樣問自己：「我靠自己的努力能不能生存下去？」不要給自己找任何藉口，認真的問自己，如果你覺得自己還不夠努力，就要讓自己再勤奮些，用自己的務實達到這樣的目標，讓自己成為一個有價值的人。

成功的人都有一個共同的特點，那就是勤奮，在這個世界上，投機取巧是永遠沒有成功之路的，勤奮工作吧，它會帶給你機會，任何一個老闆都會賞識勤奮工作的員工，這是一種值得任何人尊敬的美德，會給你添姿增彩。

找藉口只會讓你原地踏步

「沒有任何藉口」是美國西點軍校的最重要的行為準則，它需要每個學員都不會為了沒有完成任務去尋找看起來似乎很合理的任何藉口，而是想盡辦法去完成每一項任務，它的核心理念就是敬業、責任、服從、誠實。這個理念展現

出了一種負責敬業的精神，一種服從誠實的態度和完美的執行力，這也是西點軍校能夠培養出這麼多優秀人才的原因，拒絕藉口，想方設法的完成任務，在這個過程中可以累積豐富的經驗，並且能夠體會到圓滿完成任務後的成就感，這種成就感能使人變得更加自信和樂觀，並能激發出自身的潛能和價值，還能使自己的個人能力得到鍛鍊和提升。

英國成功學家格蘭特納說過這樣一段話：「如果你能夠自己繫鞋帶，那麼你就有機會上天摘星星。」所以說，成功是屬於敢想敢做，不怕艱險的人，屬於把尋找藉口的時間和精力用在努力工作中去的人，屬於只為成功找方法，不為失敗找藉口的人。

在日常生活中，人們或許都曾有過這樣的經歷：當清晨的鬧鐘把你從夢中叫醒，你雖然知道自己該起床了，可就是想要再在賴床一會，結果上班遲到了，你對主管說你的車在路上故障了；第二次，你說路上塞車；第三次，你說身體有些不舒服⋯⋯正如一位專家所說，糊弄工作的人最善於製造藉口了，他們總是能夠找出各種藉口來為自己開脫，這種藉口讓他們不斷地為自己尋找藉口，時間長了，就會形成尋找藉口甚至事前準備藉口的習慣，被藉口牽著鼻子走，這種習慣能使人喪失進取心，讓人鬆懈、退縮甚至放棄，工作必定也是拖拖拉拉，沒有效率，做起事來也往往不誠實。這樣的

人絕不會是好員工，也不可能獲得成功，更不可能受到主管和同事的歡迎。

「沒有藉口」強調的是一個人要為自己的工作堅決執行，不去為此尋找任何藉口，找藉口是一種非常懦弱的表現，它雖然可以滿足人的虛榮心，縱容自己的懶惰，除此之外，沒有任何好處，這種藉口漸漸地會侵蝕你的上進心甚至是靈魂，讓你甘於平庸。

小張在一家公司裡工作多年，專門負責跑業務，主管非常器重他，有一次，他手裡的客戶被別人搶走了，給公司造成了一定的損失，事後，他向公司的主管解釋了個中原由，原來，他的一條腿曾經受過傷，留下了一點後遺症，有些輕微的跛，但不仔細看，是看不出來的，然而就在他去看那個客戶的那天，他的腿傷發作了，比競爭對手遲到了一會兒，所以客戶就被搶走了。

主管見他確有身體方面的原因，於是對他表示了理解和體諒，這讓小張非常得意，他知道這是一筆非常難辦的業務，如果沒辦好，那太沒面子了，他為自己的明智而感到慶幸，從那以後，每當有一些棘手的業務時，他總是以他的腿不方便為藉口而把工作推掉，但是有不好做的業務時，他又跑到主管面前，說腿不方便，要求在業務方面有所照顧。

小張把自己大部分的時間和精力都花在如何尋找更合理

的藉口上了，他的工作原則也變成了碰到困難的工作能推就推，簡易的差事能爭就爭，日子一長，小張的業務成績下降了很多，沒完成工作任務的他就只會怪自己的腿不爭氣，總之，他已經習慣於因為腿的原因在公司裡要求各個方面的照顧。

幾個月以後，小張收到了公司的通知，他被辭退了。

試問，有哪一個老闆願意要這樣一個時時刻刻找藉口的員工呢？我們再來看一下和小張同樣有腿傷的員工小陳是怎樣看待工作的。

小陳在一家工廠裡是一名普通的作業員，他和小陳相同的就是他的腿也曾受過傷，行動同樣不太方便，誰都覺得他並不適合做這份工作，因為這家工廠採用流水線作業，如果稍有怠慢，流水線就會堵塞，從而影響生產效率，剛一開始，小陳應接不暇，由於他行動不太方便，拿焊接時手會使不上力，產品經常會在他的位置前停下來，他心裡很著急。主管對此很不滿，同事也埋怨他耽誤了自己的工作，但小陳是個不會輕易認輸的人，他決定用實際行動來向大家證明自己能做好這份工作，甚至還要超過所有的同事。他雖是身心障礙者，但卻從沒以此為藉口來解釋自己的工作成敗，也沒有以此來向主管或同事要求任何特殊對待，他要以頑強的意志和加倍的努力來向所有人證明自己的價值。

於是，從那以後，他在上班時間更加努力的工作，下班

後還研究流水線，同事們又譏諷他說：「你研究流水線做什麼，真是個傻瓜，你做好自己的工作就行了。」小陳把別人的這些冷嘲熱諷當成耳邊風，他清楚，只有更加勤奮的工作，每天多做一點工作，多學習一些新知識，自己才能超過別人。

一年以後，由於產品的銷路不太好，所以廠裡決定要裁員，並且應徵新的廠長上任，重新調整一下工廠的制度。大家看到新的布告時都驚呆了，因為他們看到了，以往在他們眼裡又傻又有殘疾的小陳居然沒有被裁掉，而且還被提拔為廠長，全權負責廠內事務。

透過這小張和小陳這兩個人的比較，大家應該知道了，做任何工作都不要找藉口，只要你排除萬難，認真的去做，就一定能獲得成功。

沒有借口，只要結果，真正做到了這一點，執行力就一定會有非常大的變化，因為真正對你的執行問題負責的不是別人，只有你自己。

不要把抱怨掛在嘴邊

抱怨像空氣一樣無處不在，而且職場生存壓力越大，抱怨越加劇，老闆對員工的要求也是越來越高，於是就有更多的人抱怨，抱怨雖然是在宣洩情緒，而且對身心健康都有好處，可是抱怨是不能解決問題的，它無法讓你擺脫困境，更

不可能讓你的境況越來越好，與其抱怨，還不如改變自己的心態，努力工作。只有不抱怨的人，才是最快樂的人，才是最優秀的人。

很多員工喜歡在工作中抱怨，在抱怨中工作，他們抱怨公司，抱怨老闆，抱怨同事……持續不斷的抱怨會使你的思考搖擺不定，進而在工作上敷衍了事，抱怨讓你的思想變得膚淺，心胸變得狹窄，一個在自己的頭腦中裝滿了抱怨的人是無法容納未來的，這只會讓他們和公司的理念格格不入，更讓自己的發展道路越走越窄，最後一事無成。

抱怨，是怯弱者給自己找的藉口。因為不敢正視自己的弱點，為了維持自己的自信和自尊，走向抱怨的深淵。

抱怨是容易養成習慣的，一開始抱怨，就可能一直抱怨下去，這種員工老闆是不會喜歡的，也會讓你在同事中不受歡迎。

抱怨，會讓你失去前進的動力，讓你的眼光一直停留在外物上，沒有關心自己的問題，也沒有自我改正的機會，失去進步的可能性。

抱怨還會讓我們陷入惡性循環中，看到不滿的地方，就開始抱怨，抱怨之後事情還是沒有改觀，這時就不只是不滿了，還覺得自己也受到了傷害，產生出更多的抱怨，這不但於事無補，反而擴大了自己的痛苦。

第四章　為自己工作

　　抱怨只能讓你得到一些寬慰之詞，而持續的抱怨則會動搖你的思想，讓你產生敷衍了事的心理，讓你的發展道路越來越窄，到最後被迫離開，所以，不能只看一時，要有長遠的目光。

　　娜娜在大學是學環境藝術設計的，畢業後因為自己的設計優秀而被推薦到一家非常不錯的景觀設計公司工作，剛剛進入公司的娜娜只是做些輔助老員工完成方案的工作，也許是老員工怕娜娜後來居上，搶了自己在公司的位置，所以一直也沒有讓她接觸到重要的工作，娜娜對此非常不滿，就向老闆提出想單獨負責一個專案，可是遭到老闆的拒絕，於是他就產生了很多抱怨，覺得老員工排擠他，老闆也不重用她，從那以後，娜娜工作就非常不認真，總是敷衍了事，過了半年，她就被老闆開除了，最後還送給了她幾句話：「抱怨是沒用的，最重要的還是改變自己。」

　　娜娜的作法是職場新人的常見作法，職場新人剛進公司，不受重視，只能做些打雜的工作，更得不到老闆的重用，其實，職場新人剛剛步入職場，社會經驗和工作經驗都不豐富，需要不斷的學習和磨練，但是社會和學校是不一樣的，只需要好好工作，等待企業來給你機會，不斷的學習，而不是到處抱怨，對工作不認真，那麼到等到的只會是老闆的辭退通知書。

　　由於職場上的種種不如人意，所以會使人經常產生抱怨，但是抱怨是不能解決實際問題的，所以，在職場上我們要學會不抱怨，那麼，應該怎麼做呢？

❖ **不要抱怨薪資低**：在職場中有很多人會抱怨自己的待遇不好，薪資低，一個只為薪資而奮鬥的人注定是個平庸的人，他們是永遠不會知道什麼是真正的成就感的，工作的目標不只是為了薪資，還有工作和社會經驗的累積，只為薪資而工作的人，看不清未來發展的路，他的目光只停留在了眼前，長此以往，只會讓自己的生命枯萎，希望破滅，才能埋沒。

　　所以，面對著令你不滿的待遇，你該知道，老闆給你的報酬可能不多，但你在這份工作中得到的卻是寶貴的經驗、才能的發揮，和金錢相比，這些東西要比你的待遇高出百倍。

❖ **工作沒有貴賤之分**：在大多數人心裡，工作是被分為三六九等的，就像社會上的金領白領等一樣，但在每個人的心裡，工作的好壞標準是不一樣的，所以只要你覺得做得開心就好了，所以，不管你在從事什麼工作，都要開心的去做，千萬不要因為別人的評價或社會的偏見就對工作產生不滿，每個種類的工作都有它存在的意義，所以它是沒有貴賤之分的。

第四章　為自己工作

工作的種類非常多，每種工作對社會來說都是必不可少的，你要真正的去了解你這份工作的價值，就不會抱怨了，再平凡的工作只要你認真對待，也能取得不平凡的成績。

❖ **做分外的工作時不要抱怨**：很多職場人都覺得只要把自己的工作做好就行了，老闆如果分配給自己分外的工作，就非常不情願，嘮嘮叨叨的抱怨個沒完。其實這樣的做法是不敬業的表現，因為一個對工作有責任感，對工作任勞任怨的優秀員工，除了做好自己的本職工作外，還願意做分外的工作，主動為老闆排憂解難，這樣的員工才會被老闆器重。

❖ **換工作後不要抱怨原公司**：人要懂得感恩，不管你是因為什麼原因離開了原來的公司，都要對這個公司懷著一顆感恩的心，另外，在你在原來公司工作的過程中會被這個公司的工作氛圍所影響，久而久之，你的身上也會存在著這個公司的文化因素，如果你抱怨這個公司的問題，那麼你的新公司就會知道你身上的缺點了，你的抱怨不僅暴露了原公司的缺點，也暴露了你自身的缺點和不足。

❖ **勇於接受挑戰，不抱怨**：老闆非常不喜歡那種面對難一點的工作就抱怨的員工，他們經常會說工作太難做，自己做不了。只有那種具有奮鬥進取精神，勇於向困難的

任務挑戰的員工才是老闆心目中的理想員工。

很多時候一個看起來幾乎不可能完成的任務，在你深入的研究和積極的尋找方法以後，就不是不可能完成的任務了，到時你會為自己透過努力終於攻克難關而驕傲，很多員工都是通過看起來好像是不可能完成的工作後，才取得輝煌的成就的。

思想決定人的命運，不敢向高難度的工作挑戰，是對自己潛能的制約，這樣的做法就是懦夫的作為，所以，不要再抱怨了，勇於接受工作的挑戰吧。

❖ **不抱怨工作上的壓力**：面對工作上的壓力，不要抱怨，要調整好自己的心態，既然工作中的辛勞不能避免，那麼還不如積極的去對待，一味的抱怨會把壓力的來源歸結為客觀原因，反而對從根本上解決問題更加不利，所以，在面對壓力時要調整好心態，在適應中求發展，首先要有效地安排好你的工作時間，把大的事情分成若干個小事情，然後分階段的進行解決，其次就是每天適當的運動，做一下深呼吸，減輕自己的工作壓力，或是把心裡的壓力寫出來，也能緩解心裡的抱怨情緒。

❖ **不要和同事抱怨**：任何公司裡同事之間都會互相抱怨，這是一個非常普遍的現象，然而同事之間的小抱怨是可以容忍的，但是經常的抱怨，會令同事對你產生反感的

情緒，另外，如果你抱怨的內容是對同事評頭論足，還會影響到和同事的關係，這樣做只會破壞你的人脈，使你在同事面前的形象大打折扣，你總把精力放在抱怨同事上，還會分散你對工作的精力，所以這樣做只會是損人不利己。

當你抱怨時，那些消極的情緒和想法都會隨之產生，它們就會擾亂你的心情，讓你不能以更好的心態工作，然後本來可以輕鬆完成的工作就變得更難完成了，你的心情就會更差，這樣你就會陷進一個惡性循環中，所以，不要再抱怨了，積極的完成工作，這樣你就可以享受沒有抱怨給你帶來的輕鬆和陽光的心情，也會迎來屬於你的成功。

別把問題留給主管解決

一個缺乏責任感和主角精神的員工，遇到不容易解決的問題時，會習慣性地把難題留給老闆來解決，並認為這是理所當然的事情，公司是老闆的嘛，重大的問題當然是由老闆來親自解決了，這樣的員工是得過且過型的員工，他們是「當一天和尚撞一天鐘」，碌碌無為地打發著人生，不可能獲得什麼成功。

身為一名員工，不管是接受工作時，還是在完成工作的過程中，都要知道：自己的問題必須要自己來解決，因為在

老闆的眼中，一個員工處理和解決問題的能力更為重要，因為這可以表現出他的責任感、主動性和獨當一面的能力。

這種把問題留給老闆的習慣，不僅說明一個人對自己沒有足夠的信心，而且永遠不會站到老闆的高度去思考和解決問題，也就不可能培養自己成為優秀員工應具備的基本素養，只能在打工者的隊伍裡，度過餘生。

沒有一個老闆願意屬下的員工把自己交代的工作當做皮球踢回來，你這個工作做不了，那個工作做不了，老闆還請你來做什麼？所以，如果你想要獲得成功，就要學會把那些準備扔給老闆的問題自己設法解決，養成像老闆一樣思考的習慣。

當年凱瑪特（Kimart）是美國第一大零售商，到了 1999 年開始走下坡路。在 1990 年的凱瑪特總結會上，一位高層管理人員認為自己犯了一個錯誤，他向坐在他身邊的主管請示應該如何更正，這位主管也不知道應該怎樣解決更好，於是向他的主管請示，自己不知道，希望對方告訴自己該怎麼辦，而主管的主管又轉過身來，向他的主管請示。這樣一個小小的問題，一直踢到總經理帕金的腳下。後來帕金回憶說：「真是太可笑了，沒有一個人去積極的思考解決問題的方法，他們只會問自己的主管，直到把問題一直踢到最高主管那裡。」這句「您覺得怎麼辦？」也許會比找藉口好一些，但在老闆聽來，這句話的暗示卻是「這是件非常困難的事

第四章　為自己工作

情，還是您親自來幫助我們解決吧。」

　　一個習慣於獨立解決問題的員工，可以得到老闆更多的青睞。首先，他沒有讓問題延誤，釀成大患；其次，他讓老闆非常省心省力，讓老闆把更多的精力集中到更重大的問題上，有了這樣的員工，老闆就少了很多後顧之憂。

　　如果面對問題，你總不能妥善解決，那麼問題就會成為你工作的負擔，而老闆聘用你，給你一個職位，給你與這個職位相對的權力，目的是讓你能很好地完成與這個職位相對的工作，而不是讓你在這個職位上休養生息。

　　每一個員工從進公司的那一刻就應該開始問自己一句話：「我能為公司做什麼？」你要積極主動地並帶有創造性地把屬於你的工作做得盡善盡美，然後你就可以獲得「公司能給我什麼」的報酬。

　　想要抓住成功的機遇，就要學會自己解決問題，因為機遇和問題總是同在的。

　　很多員工在工作中不能做到盡心盡力，不僅沒有創造價值，反而留下一大堆問題和困難，他們總是這樣認為：「公司是老闆的，出了問題他不可能不管，他比我還著急，所以，有問題直接找老闆就好了。」更有甚者，他們在接受老闆分配的工作時，就直接拒絕地說：「這個我做不來。」

　　這種工作態度是非常危險的，如果你不盡力，老闆就會

被迫自己來解決你工作中的難題,那麼,請你想一想,如果你工作中的問題都被老闆自己解決了,他還要你做什麼呢?你離丟掉飯碗的日子就真的不遠了。

所以,工作中遇到各種各樣的問題時,不要總想著逃避,也不要依賴別人,而要勇於面對和迎接問題,勇於按照自己的想法去處理、去解決。對於自己能夠判斷,而又是本職範圍內的問題,要大膽地去處理,讓問題在自己這裡得到解決,解決了問題你才能迎向新的契機,而當身邊的同事們都喜歡找你解決問題時,你無形中就建立起了善於解決問題的好名聲,取得了勝人一籌的競爭優勢,你會比那些不敢承擔責任、把問題推給老闆的人更容易獲取成功的桂冠。

▌工作離不開專心

有一次,一個青年苦惱地對昆蟲學家尚 - 亨利·法布爾(Jean-Henri Fabre)說:「我不知疲勞地把自己的全部精力都花在我愛好的事業上,結果卻效果甚微。」

法布爾讚許說:「看來你是一位獻身科學的有志青年。」

這位青年說:「是啊!我愛科學,可是我也愛文學,對音樂和美術我也感興趣。我把時間全都用在這些上了。」

法布爾從口袋裡掏出一塊放大鏡說:「把你的精力集中到一個焦點上試試,就像這塊凸透鏡一樣!」

第四章　為自己工作

你要是做過凸透鏡聚焦的實驗，一定知道，酷暑的陽光，不足以使火柴自燃，而用凸透鏡聚光於一點，即使是冬日的陽光，也能使火柴和紙張燃燒。隨著科學的發展，人們又進一步把光彙集，這就成了無堅不摧的雷射武器。

是啊！把精力集中到一點就會使東西燃燒，在工作中，一個優秀的員工對此也應該是把自己的專注投入到一個點上，讓其發生最大的效果，你才會取得進步和成功。

每個人成功的因素有千千萬萬種，但是我們知道人的精力是有限的，據科學家研究顯示，我們的大腦不可能在同一時間內做很多的事情，這是不符合我們的身體功能的，也是不合邏輯的，只有我們把自己的注意力放到一個位置上，我們的機會掌握才會更大。縱觀歷來的成功企業家，當初他們往往都是先涉足一個領域，沒有人能一開始就在好幾個行業起步的。

美國政治家亨利・克萊（Henry Clay）也有類似的言論：「遇到重要的事晴，我不知道別人會有什麼反應，但我每次都會全身心地投入其中，根本不會去注意身外的世界。那一時刻，時間、環境、周圍的人，我都感覺不到他們的存在。」

只有你一心一意地去工作時，專注於你自己手頭上的工作時，你才會發現工作中的細枝末節問題，以及以前都沒有發現的問題都出現了，從而找到了突破口，避免在工作中出

現差錯，避免造成公司的損失。我們知道石油工人在鑽井的時候，他們不會把機器同時針對幾個地方鑽井，他們會在一個地方，反覆地鑽，直到真正地確定結果到底是怎麼樣的，才會換個地方鑽。我們也一樣，在工作中，對一個問題的解決要按順序先來，一個一個地來，不要著急，不要混亂地解決，這樣才會到達最好的結果。

那麼，工作人員如何做到專注於自己的工作呢？

▍依照順序處理事情

人們習慣地認為具有拖延習慣的人都是不負責任、工作懶散的人。實際上，在拖延者中，有相當一部分的人做事勤懇賣力，但最終效率是極低。分析原因，主要是因為他們對自己所要做的事缺乏全局視野，做事不分輕重緩急，如果能夠合理安排時間，分清優先順序的話，就會在有限的時間內完成更多的任務，提升工作效率。

因此，做事應該按照章法，不能隨便做。只有按事情的輕重緩急，一步一步地把事情做得有順序、有條理，做事的效率才能提升。不論做什麼，都要從全局的角度來進行規劃，將總體目標分成若干個小目標，將事情分出輕重緩急。如果始終堅持這種從全局統一的規畫，並堅持「要事第一」的做事原則，久而久之，「先做重要的事」的好習慣便養成了。

第四章　為自己工作

▌抓住重點事務，排除次要事情

德國著名作家歌德曾經說過：「重要之事絕不可受芝麻綠豆小事牽絆。」

在工作中，我們在努力向自己的目標靠近的時候，總是會遇到各種各樣的事情的干擾，有時候是來自經濟方面的，有時候是來自家庭方面的。這些因素就是對我們掌握重要事務的能力的挑戰。假如我們因為這些次要事務而停止了前進的步伐，甚至因此而偏離了目標的方向，那麼，成功就離我們越來越遠了。

工作中，要想有效工作，就必須集中精力於當前的要務，排除那些次要事務的牽絆。如果進入行動狀態後，就要全力以赴地向前邁進，這樣就很容易完成任務，易於成功。

▌一步一腳印，一次做一件事情

放棄其他所有的事，專心於你已經決定去做的事情。把你需要做的事情想像成是一大排抽屜中的一個小抽屜，你所要做的只是一次拉開一個抽屜，令人滿意地完成抽屜內的事睛，然後將抽屜推回去。不要總想著所有的抽屜，而要將精力集中於你已經打開的那個抽屜。一旦你把抽屜推回去了，就不要再去想它。一次只做一件事，並全身心地投入工作，並把它好到位，這樣你的心裡就不會感到筋疲力盡，了解清

楚你在每次任務中所需擔負的責任和你的極限。假如你把自己弄得筋疲力盡和失去控制，那你就是在浪費你的時間。選擇最重要的事先做，把其他的事放在一邊。做得好一點，這樣才能從中得到更多的快樂。

養成自我控制的習慣

每個人都兼具理性與感性，人們的大部分行為，都是以感情為出發點的，這是人生真實的一面。有時候是因為別人的一句話，你便耿耿於懷，動輒勃然大怒，根本無法控制自己，但是，等到情緒過後，又後悔不已，這是很多人的通病。因個人某方面致命的弱點或缺陷而歸於失敗的人，在失敗者中也不在少數。這樣的人，一定要培養自我控制的能力，克服浮躁的情緒。要經常想到自己的不足、自己的弱點，既要自我崇尚、有信心，也要自我檢查、隨時修正，不斷地自我完善、自我提升。只有能自我克制的人，才能不為外界環境所左右，才能真正做到專心致志，專注於目標。

鍛鍊自己集中注意力的能力

古代的鑄劍師為了鑄成一把好劍，必須在深山中潛心打造十幾年。有道是，「十年磨一劍」。身為一個務實的人員，絕不能把精力分散於幾件事上。也就是說，不能因為從事並不迫切的事而影響了你所做的重要事情。專注能夠保證做事

效率的提升。為了完成工作，必須遠離那些使你分散注意力的事情，集中精力選好主攻目標，專心致志地向你的目標進取，這樣才可能保證取得成功。

總之，辛勤工作要求一個人要在工作中真正做到心無旁騖、全神貫注於自己的工作，全力以赴於自己的人生目標，這樣才會成為最受公司歡迎的員工，才會在自己的人生道路上順利前行。

堅持就是勝利

一種不輕易放棄的堅持往往讓人面對困難笑到最後，獲得最大的成功。據我觀察，有很多成功人士都是透過堅持而獲得了最後的成功，他們的這種堅持甚至已經演變成別人眼中的「執拗」。有的人數十年都在堅持，百折不撓，從來不在意別人的看法，無論別人說什麼，都不會讓他們輕言放棄。比如說比爾蓋茲，他放棄了人人羨慕的哈佛學位而堅持做前景莫測的微軟。

堅持既需要智慧，又需要勇氣，有很多人因受不了奮鬥中的艱苦而半途而廢，從而與成功擦肩而過。事實上，只有走到最後的人，才能看到山頂上迷人的風景。

堅持是一種不達目的誓不罷休的精神，是一種對自己所從事的工作的堅強信念，也是一種高瞻遠矚的眼光和胸懷。

它是通觀全局和預測未來的明智抉擇，更是一種對人生充滿希望的樂觀態度。在大地震中，不幸的人們被埋在廢墟下，在沒有食物，沒有水，沒有亮光，連空氣也那麼稀薄的困難中掙扎。一天，兩天，三天……他們中的許多人在這幾天的時間中有了不同的選擇，有的人喪失了信心，他們很快虛弱了，不幸地死去；而有些人堅持了下來，他們不放棄求生的希望，堅信營救的人們一定會找到自己，救自己出去。他們始終堅持著，哪怕是在最後一刻，終於，他們成功了，他們創造了生還的奇蹟，他們從死神的手中贏得了輝煌的勝利。

四十歲的喬伊遭遇了公司裁員，失去了工作，從此一家人都靠他一人外出打些零工度日，經常連吃飯都是有上一餐沒有下一餐。

為了找到工作，喬伊一邊打工，一邊到處求職，但是他始終沒有找到工作，但他沒有就此放棄，他看中了離家不遠處的一家建築公司，於是就像公司老闆寒磣去了第一封求職信，在這封求職信中，他並沒有吹噓自己多有能力，也沒有提出自己的要求，只是簡單的寫了一句話：「請給我一份工作。」

這家建築公司是底特律建築公司，老闆名叫麥·約翰，他收到這封求職信後，讓下屬回信告訴喬伊：「公司沒有職缺。」但是喬伊並沒有就此死心，又給老闆寫了第二封求職

第四章　為自己工作

信，這次他在第一封信的基礎上多加了一個「請」字：「請請給我一份工作。」此後，喬伊一天給公司寫兩封求職信，每封信都不談自己的具體情況，只在信的開頭比前一封信多加一個「請」字。

三年的時間內，喬伊一共給這位老闆寫了 2,500 封信，這二千多封信的每一封都比前一封信多一個「請」字，後面則是「給我一份工作」，見到第 2,500 封信時，這位老闆終於親筆寫了回信：「請立刻來公司面試。」面試的時候，這位老闆告訴了喬伊，公司裡最適合他的工作就是處理郵件，因為他有寫信的耐心。

後來，電視臺的記者知道了這件事，於是他來前來採訪喬伊，問他為什麼要這樣做，喬伊說：「因為我想讓對方知道這些信沒有一封是複製的。」

記者問起約翰為什麼要答應錄用喬伊，約翰說：「當你看到一封信上有 2,500 個請字時，你會不感動嗎？」

有時，打敗自己的不是別人，而是自己的脆弱，其實再堅持一下，再試一次，可能就成功了。所以就算你身處困境，也不要用絕望代替希望，只要有希望和你同在，你就離成功不遠了。

世間萬物，每一物的生命都有它一定的規律。一棵樹之所以枯萎了，是因為它不能堅持自己的開花和結果；一隻鳥

兒從天空上墜落了，是因為牠不能堅持在天空中飛翔；一支箭在離靶心一寸的地方落地了，是因為它沒有堅持到靶心。一個人要想得到成功，就需要他堅持奔跑，即使不能再奔跑了也要堅持著往前衝。因為，成功往往都是在你的堅持中向你不斷靠近。

身為一名員工，如果你想有所成就，就一定要堅持，只有堅持，你才能保持一種樂觀進取的狀態。才能擁有一種愉快的心情，才能擁有一種堅定的信念，才會為了自己的理想的實現而不動搖地、執著地追求到底。在《世界上最偉大的推銷員》（*The Greatest Salesman In the World*）一書中，作者曾在「堅持不懈，直到成功」部分寫道：「我不是為了得到失敗才來到這個世界上的，我的血管裡也沒有失敗的血液在流動。我不是任人鞭打的羔羊，我是猛獅，不與羊群為伍。我不想聽失敗者的哭泣、抱怨者的牢騷，這是羊群中的瘟疫，我不能被它傳染，失敗者的屠宰場不是我命運的歸宿。」

處於不利的位置，並不代表你一定處於劣勢，有時堅持可以讓你戰勝占據有利地位的對手。世上的很多事情，最後的那一程往往是一道最難邁過的門檻。因為我們在跋涉的過程中已經筋疲力盡且心力交瘁了。這時候，就算是一個小小的障礙都有可能將我們絆倒，意志就顯得特別重要，勝利就往往來自於「再堅持一下」的努力之中。

第四章　為自己工作

　　在堅持的過程中，也許會遇到困難，如果你動搖了，那麼你將離成功越來越遠；也許你還會遇到誘惑，如果你在它的面前屈服了，那麼你將不能到達成功的巔峰。那麼，怎樣才能堅持到最後呢？

❖ **要相信自己的判斷**：如果你不相信自己，就會總想著另外掉頭，尋找未來的出路。如果遇到失敗，你的意志力將會潰不成軍。要保持冷靜的心態，要認真審視自己的一切，對自己的行為進行思考，看看有沒有可以改善的地方，對於出現的錯誤，不要過於沮喪，要學會從失敗中累積經驗。

❖ **要學會胸襟開闊**：只有胸襟開闊的人才會面對損失依舊保持微笑，不因這一點點損失就放棄努力。如果是大家都可以很輕易就做到的事情，還會輪到你來做嗎？可能這話會讓你感覺尖酸，但事實上，現實的情況就是如此。縱觀那些領先的人，無一不是另闢蹊徑的。開創者必然是少數，而真理往往掌握在少數人手中。找對方向，分階段實現自己的目標吧！

如果你一開始就走錯了方向，並且不做出相對的改變，那麼對不起，我不會認為你這種行為叫做堅持，只能稱之為「偏執」。只有有價值的事情，可以看到前途與光明的事情，目標科學而合理的事情，才有堅持下去的意

義。此外，你還要學會分解堅持的目標。如果你把它們分解成一個又一個小階段的目標，就會在前行的過程中變得輕鬆一些，也不會輕易就喪失了信心，而階段性的成功也能給你鞭策，有了成就感，你就會增添更多的信心。

❖ **把 80%的時間投入到你所堅持的事情中**：如果隨時都有一些瑣碎的事情來分走你的一部分精力，那麼你的堅持就會變得力量薄弱而沒有意義。在這種情況之下，堅持也就無從談起了。比如說你想一天背誦 10 個英語單字，如果你改成堅持一年背誦 10 個單字，就算你堅持一輩子，也不會有什麼收穫。雖然這個例子讓你覺得可笑，但道理卻是顯而易見的。

把堅持轉化為習慣，將會讓你更輕鬆地把堅持進行到底。如果你清醒地意識到了這一點並且有意識地去培養，那麼恭喜你，你已經成功了一半。習慣是一種強大的推動力量，它會讓你在正確的軌道上迅速前行。只要你不輕易放棄，它將陪伴你一直走到成功的終點。

▌用工作業績證明自己

戴爾·卡內基曾經說過：「職位如不靠你的努力得來，或不是由你成績換來的，那麼一定不能保持你的名譽，是沒有什麼真正價值的。」

第四章　為自己工作

　　莉娜畢業後到一家公司的銷售部做起了銷售助理。她雖然是一個新人，但由於她人勤快，嘴巴又甜，平時性格活潑開朗，所以很快就成了辦公室裡人見人愛的「開心果」。同事們一提到莉娜的時候，就會異口同聲地誇讚：這個小女孩啊，很會做事，也很有眼力見，人勤快，人緣也好。

　　由於人緣較好，因此，在工作上，莉娜的同事對她也很有耐心。本來，莉娜是可以利用良好的人際關係打開自己的工作局面的，然而她卻沒有把握好這個有利的條件。有一次，負責帶莉娜的銷售代表讓莉娜將一份資料拿給客戶，而莉娜卻交給另外一個順路的同事幫她代辦這件事，她還主動許諾會幫這位同事買早餐。這樣的事情在莉娜身上漸漸多起來，莉娜的工作內容也開始發生了奇怪的變化。每天，她往往要花費大量的時間幫助同事們辦一些亂七八糟的雜事，甚至是私事，而她自己分內的事情，也總是有人幫她應付著。時間很快就過了半年，與莉娜一起入職的幾位新人，業績都有了明顯的提升，而莉娜卻接連幾個月都沒完成任務。

　　全球金融危機之後，很多公司都要依靠裁員來維持公司的正常營運，莉娜所在的公司也不例外。一天，莉娜的主管叫她到辦公室去一趟，他直接對莉娜提出公司要裁員，莉娜正是被辭退的員工中的一員。得知這件事之後，同事們都為莉娜感到有些遺憾，然而卻沒有一個人站出來為她說話，這

讓莉娜感到非常失望。臨走之前，莉娜鼓起勇氣敲開主管辦公室的門，大著膽子向主管提出自己心中的疑問：為什麼自己在公司上下都擁有不錯的人緣，而最終卻還是被解雇了？主管回答道：「在一個企業裡，員工的業績和工作才是最重要的。在做好工作的前提下，有個好人緣才算得上是錦上添花，否則的話，人緣就算再好，忽略了本職工作和工作的重心，也不過是徒勞無益罷了。」

身為一名員工，莉娜所應該做的是做好自己的本職工作，而她卻把全部的心思都放在了討好同事上，最後導致自己的工作沒有效率和業績。這是一種偏離工作重心的行為，也是一種因小失大的表現。要知道，在公司裡，你的本職工作和你的業績永遠都是第一位的。如果沒有業績，就算其他方面再好，這個公司也沒有繼續留下你的理由。

法國生物學家法布爾曾經做過一個有趣的實驗：研究巡遊的毛毛蟲。這些毛毛蟲在樹上排成長長的隊伍前進，由一條毛毛蟲帶頭，其餘的毛毛蟲跟著。法布爾把一組毛毛蟲放在一個大花盆的邊上，使它們首尾相接，排成一個圓形。這些毛毛蟲便開始運動起來，就像一個遊行的隊伍，沒有頭，也沒有尾。

然後，法布爾在這群毛毛蟲的隊伍旁邊擺放了一些食物，然而這些毛毛蟲若想得到食物就必須解散隊伍，不再一

條接一條地前進。

　　法布爾估計，很快這群毛毛蟲就會厭倦這種絲毫沒有意義的爬行，進而轉向食物，然而毛毛蟲們並沒有這樣做。出於純粹的本能，毛毛蟲們沿著花盆邊一直以同樣的速度走了七天七夜，直到最後全部都餓死了。

　　這些毛毛蟲因為遵循著牠們的本能，雖工作賣力，但卻毫無結果。

　　很多人都像毛毛蟲那樣，每天都忙忙碌碌的窮忙，甚至於廢寢忘食，但工作效率卻和其他人沒有什麼兩樣，甚至有時候還不如其他人高，這樣既浪費時間又浪費精力，最後一事無成，窮忙了一場。在工作中，要抓住工作的重點，不要把時間和精力全都放在無關緊要的事情上。否則，時間安排不合理，目標不明確，方法不得當，都將會導致工作效率的低下，最後忙來忙去都只不過是一場沒有任何成效的窮忙。

不要盡力而為，而要全力以赴

　　克萊斯勒（Chrysler）總裁李・艾科卡（Lee Iacocca）曾經這樣說：「我選擇和重用的都是工作非常賣力，想盡一切辦法超額完成任務的人，總結出來，就是全力以赴的人。「」

　　盡力而為只是自己安慰自己的託辭，也是一種推卸責任的藉口，它會讓強者變弱，而全力以赴則會令弱者變強，它

是成就事業的關鍵因素，也是工作中應有的態度。

經常會聽到有人這樣說：「我已經盡力了。」卻很少看到有人全力地赴的工作，這就是生活中抱怨的人多，而成功的人卻很少的原因，日子一天天過去，如果你一直沒有成功，那種盡力而為的思想就會變得非常嚴重，它會讓一個人變得越來越沒有進取心，沒有鬥志，最終只會碌碌無為的過完一生。

當一個人說自己已經盡力了時，其實他的潛力還遠遠沒有發揮出來，也根本不知道自己到底有多大的潛力。說自己盡力而為時，就已經給自己的潛力設限了，自己的能力根本不可能會面展現，當一個人已經習慣了用盡力而為來完成工作時，他在工作上就不再有自信了，也就不會獲得成功，反之，當你全力地赴做一件事時，你就成功一半了。

有一年冬天，一個獵人帶著獵犬去打獵。獵人一槍擊中了一隻兔子的後腿，受傷的兔子拚命地逃生，獵犬在獵人的指示下也是飛奔去追趕兔子。可是追了一陣子，兔子跑得越來越遠了。獵犬知道追不上了，只好悻悻地回到了獵人的身邊。

獵人非常生氣地大罵道：「你真沒用，連一隻受傷的兔子都追不到！」

獵犬聽了很不服氣地辯解道：「我已經盡力而為了！」

第四章　為自己工作

兔子帶著槍傷成功地逃生回家後，家人們都圍過來驚訝地問牠：「你拖著受傷的腿，是怎麼逃過獵犬追趕的呢？」

兔子回答：「獵犬追我，是為了一餐飯在工作，所以牠只是做到盡力而為；而我是為了逃命在奔跑，我必須全力以赴。所以我贏了。」

這就是「盡力而為」和「全力以赴」之間巨大的差別。

在工作中，我們需要時常問一下自己的心，我今天是盡力而為的獵犬，還是全力以赴的兔子呢？如果是盡力而為的獵犬，那是什麼阻止了我們全力以赴呢？

盡力而為做事的人，總會把工作當成是老闆的事，是在給老闆或公司做事，工作不是自己的事情。抱著為別人工作的錯誤工作態度，才有了做工作時盡力而為的錯誤做法，所以對事情完成的結果，是不會那麼在意的。

做工作全力地赴的那些員工，他們才會知道，公司是自己的家，工作必須認真，是為了自己的家工作。在工作中使自己得到的鍛鍊和發展，進而使公司發展和壯大。在工作中做每件事都要全力以赴的去執行，這樣才會使自己有更大的理想和目標，創造一個自己理想的未來。

在工作中的態度要從「盡力而為」做到「全力以赴」，不找任何的藉口，不講任何的洩氣話。認真、細心的完成工作任務。只要你全力以赴的去工作你才會感到驕傲，不會感

到自己沒有能力，留下遺憾。這樣你才會對的起自己的。

在工作中全力以赴的人，是因為發揮了本身的潛能，要比盡力而為的人工作仔細，認真。這樣才會發展的更好。曾經一位心理學家說過，一般人的潛能只開發了十分之一左右，還有十分之九處於深睡狀態。工作中全力以赴的人是對自身潛能的最大開發，必要時它是自己的自救寶典。

劉明輝是一名創意文案。在一家廣告公司工作，有一天的上午，有一家著名的洗衣粉生產廠商委託劉明輝的公司作廣告宣傳，但是，幾位企劃人員，每個人都拿出好幾個宣傳方案，沒有一個是洗衣精廠商滿意的方案。

企劃人之中劉明輝也是其中之一。當其他人遇到困難都退縮後，只有劉明輝全力以赴的在工作職位上認真的分析這個廣告文案，如何才能做出一個讓對方感到滿意的創意文案呢？其他的同事都下班了，公司只剩下他一個人了。他仍然在認真的分析之中：「該洗衣粉在國內已經非常知名了」，而且洗衣粉公司原來的廣告宣傳都非常有創意。劉明輝在想，我該從什麼地方開始切入？劉明輝一邊分析一邊拿著洗衣粉翻來覆去的看，然後劉明輝找來一張白紙，放在了桌子上在把洗衣粉用剪刀剪開了一個小口，倒在了白紙上，他無意中發現洗衣粉中的藍色顆粒中間竟然有一種非常細小的藍色晶體。他不知道這是什麼物質也不明白這是怎麼加工出

來的。劉明輝很好奇就打給洗衣粉廠商。洗衣粉廠商的技術人員告訴劉明輝，這些藍色晶體是一些「動態去汙因子」對各種布料和衣服都有增白和超強去汙的效果。劉明輝好像中了樂透似的那樣興奮，嘴裡不斷的惦記「動態去汙因子」對了，就從這個開始入手吧。拿出了最好的創意文案，這項產品的銷量也因此急速攀升。

本來，這個工作任務非常艱難，在其他人都沒有寫出創意文案的情況下，已經盡力的劉明輝，即使和其他人一樣交不出文案也無可厚非。但他卻沒有做到盡力而為，而是全力以赴，不達目的絕不罷休，最終交出了令對方滿意的文案。在工作中，只有具備了劉明輝這種為工作不屈不撓、全力以赴的精神，才能夠真正將自己的工作做好。

在人的一生當中，命運的腳步看似虛無縹緲、變幻莫測，然而事實上，我們明天的命運是由今天的所作所為決定的。只有在今天全力以赴地去付出，我們的明天才會有所收穫。要做到全力以赴，首先就必須要正面思考。企業裡的每一位員工，都有自己的角色定位，但無論你從事什麼樣的工作，都必須時刻保持一種全力以赴的工作狀態，在不斷挖掘自身潛力的過程中，最大限度地延長個人的職業生涯，並以此來回報公司，回報老闆，達到個人與公司雙贏的良好局面。

　　如果你想做一名優秀的員工，你就必須全力以赴地對待任何一件工作，哪怕是一件再小的工作，如果你想獲得高薪和提拔，同樣需要你全力以赴。只有全力以赴的人，才是企業最需要的人，也只有全力以赴的人，才是最容易獲得成功的人。

做一行，愛一行

　　一家保險公司的業務員李辰浩，總是以自己積極的心態，熱愛自己的工作，而且業務熟練，做起什麼工作來都得心應手。他給自己確立了三項非常重要的原則：一是自我激勵，掌握自己的態度；二是確立目標；三是他認為任何事都有其自身的發展規律，必須懂得那些規律並加以運用才能取得成功。

　　李辰浩相信這些原則，並以實際行動履行這些原則。每天早晨他都對自己說：「我覺得自己精力充沛、精神愉快，我覺得自己大有可為，我一定會成功的。」

　　李辰浩把自己確信的原則告訴了同事，大家也都有同樣的準則和感受。每天早晨業務員相聚的時候，大家都非常開心，個個信心十足，互相鼓勵並祝福，然後分開各自去完成自己的工作。

　　他們每一個人都有自己的工作目標，目標之高，讓廠裡其

第四章　為自己工作

他部門的人感到吃驚，但他們每週的業績卻不能不令人佩服。

事實就是如此，正是積極心態激勵李辰浩和他團隊中的同事們，去發現他們工作中令人滿意的事情，從而取得成功。

身為一名員工，你應該像熱愛生命一樣去熱愛自己的工作。不論你從事的是什麼工作，也不論職務的高低，只要你熱愛了自己的工作，就能在工作中找到自己的樂趣，在工作中尋求滿意，才會有幸福感、成功感。

喜歡自己的工作與不喜歡自己的工作，有很大的差別。那些對工作感到非常滿意的人，可以以積極的心態對待工作，他們總在尋找好的東西，當某種東西並不好時，他們首先是考慮怎樣來改進它。但是那些對工作不滿意的人，他們的心態就變得非常的消極，他們總是抱怨各種不如意的事情，甚至抱怨一些和工作毫無關係的事情，消極的心態完全占據了他們靈魂。

能不能發現工作中令人滿意之處是與工作種類無關的。如果你沒有愉快的工作心情，你就得控制你的心態，讓自己積極起來。如果要讓你的工作有趣，你就得用微笑和多方面來表達你對工作的滿意。

其實，每個人都有可能要做一些讓自己覺得厭煩的工作，但是如果你在厭煩中能熱愛自己的工作，就能得到很多

工作樂趣。很多在大企業工作的員工，他們擁有淵博的知識，受過專業的訓練，有著令人羨慕的工作，不菲的薪水，但是他們當中很多人對工作並不熱愛，把工作看成是緊箍咒，僅僅是為了生活而不得不出來工作。他們精神緊張且未老先衰，工作對他們來說毫無樂趣可言。

可見，一件工作是否有趣，完全取決於你自己的看法，對於工作，你可以做好，也可以做壞。可以開開心心和驕傲地做，也可以愁眉苦臉和厭惡地做。如何去做，這完全在於你自己的選擇。

你應該學會熱愛自己的工作，哪怕這份工作你不太喜歡，也要盡一切能力去轉變，去熱愛它。並且憑藉著這種熱愛去發掘內心深處蘊藏著的活力、熱情和巨大的創造力。其實上，你對自己的工作越熱愛，決心越大，工作效率就會越高。

當你抱有這樣的熱情時，工作就不再是一件苦差事，就變成了一種樂趣，就會有許多人願意聘請你來做自己更熱愛的事。

如果你將每天工作的八小時，當作在快樂地游泳，那麼這將是一件非常愜意的事情！

有三個工人一起來到一個建築工地工作，和其他的工人一塊工作。有一天，有一名記者來到工地上做訪問，分別對

第四章　為自己工作

他們三人進行了採訪。記者問第一個建築工人正在做什麼，這名建築工人大汗淋漓地回答說：「我正在砌牆。」當記者以相同的問題向第二個建築工人提問時，第二個建築工人回答說：「我在蓋一間房子。」記者又向第三個建築工人提出了同樣的問題，只聽第三個建築工人向記者回答說：「我正在為人們建造美麗的家園。」記者認為這三名建築工人雖然都在做著同一件事情，但他們的回答一點也不一樣，這不禁引起了記者的興趣，於是，記者便將這次訪問寫進了自己的報導裡。

過了幾年之後，這名記者在整理以前的採訪記錄時，無意間發現了採訪三個工人的記錄，當他看到當年三個工人的不同回答時，他突然冒出了一個念頭，想再去看看這三個工人現在都在做什麼。

於是，記者再次來到了幾年前來過的那個工地，等他再次採訪完這三個工人之後，結果讓他非常的意外：當年的那個回答「砌牆」的建築工人現在仍舊是一個建築工人，工作內容和從前一模一樣，還在做著他的砌牆工作；而當年的第二個工人現在已經成為了一個在施工現場手拿設計圖指揮別人的設計師；至於第三個工人，記者很快就找到了他，因為他如今已經是一家房地產公司的老闆了，而之前的那兩個工人現在都是在為他打工。

　　無疑，故事中的第一個工人只把自己的工作當成是一項任務來完成，而第二個和第三個工人則把工作當成是熱愛的事業和為人們貢獻來完成的。只有把工作當成是自己熱愛的一項事業的人，才能在工作中竭盡全力地去完成自己的任務。這樣的人永遠精力充沛，永遠對自己的工作充滿熱情，一到了工作職位，他們就找到了自己的奮鬥目標和自己的價值所在，他們的人生意義也盡顯於此。

　　無論你正在從事什麼樣的工作，要想獲得成功，就要對自己的工作充滿熱愛。如果你也像有些人那樣鄙視、厭惡自己的工作，對它投去「冷淡」的目光，那麼，就算你正從事最不平凡的工作，也不會有所成就的。

　　熱愛自己的工作，就必須把憂慮趕出你的思想，讓自己一刻也不停地快樂的工作著。熱愛自己的工作，實際上也是熱愛自己的人生。一個不熱愛工作的人，他就無法熱愛生活，更談不上熱愛生命了！

第四章　為自己工作

第五章
提升自己的能力

　　在科學技術飛速發展的今天，如果不學習，我們就不能取得生活和工作中需要的知識，不能使自己適應時代發展的速度，不僅無法做好本職工作，最終還會被淘汰出局，所以，我們在工作中要以極大的熱情學習學習再學習，不斷提升自己的整體素養，只有這樣才能讓自己的知識和技能更加完善，才能讓自己在職場的路上走的更穩更遠。

精業能讓自己不可替代

美國前總統威廉・麥金利（William McKinley）這樣說過：「你必須把一件事盡職盡責的做到最好，和其他有能力做這件事的人相比，只要你能做得更好，那麼你就永遠不會失業。」

一位思想家也曾經說過：「如果你能真正製作好一枚別針，應該比你製造出粗陋的蒸汽機賺到的錢更多。」的確是這樣的，在職場中，身為員工有一技之長本身就說明個人素養和職業素養上超過一般人，如果能夠創造一個適當的工作環境，就可以成為公司的骨幹，甚至成為老闆的得力助手。就價值來說，具有專業技能的員工含金量非常高，是公司發展的關鍵。

每個人都希望自己有朝一日可以成功，但是，想要在眾人中脫穎而出，首先就是要具備別人沒有的本領，要做到人無我有，人有我精，在工作上，要具備別人所不具備的專業技能，或是自己的技能比別人更勝一籌，你的表現老闆都會看在眼裡，只要你能做到讓自己不可替代，那麼你出人頭地的時機就快到了。

聽說過這樣一個故事：克爾姆城的補鞋匠被帶上了法庭，法官要判處他死刑，因為他殺了一名顧客，可是，判決宣布之後，突然有個市民站出來對法官大人說了一句：「法

官大人，不能處死這個補鞋匠，因為我們這座城市只有他這一個補鞋匠，如果他死了，那我們以後找誰補鞋啊？」

克爾姆城的其他市民對此表示同意，法官也覺得他們說的非常有道理，就非常贊同的點了點頭，重新進行了判決，法官說：「公民們，你們說的非常對，我們只有這麼一個補鞋匠，所以不能處死他，這樣一來對大家損失太大了，這個城裡有兩個蓋房的，我看就讓他們的一個替補鞋匠死吧。」

這個小故事就說明了不可替代的重要性，說明專業的人是不可替代的。只要你掌握精湛的專業技能，對自己的技能精益求精，那麼，不管在工作中遇到什麼樣的問題，你都能夠輕鬆解決。

俊凱在一家工廠裡是一名普通的技術人員。有一次，工廠的電機壞了，導致了全廠停電，十幾個技術人員圍著電機議論，可是到最後也沒有找出問題出在哪裡，廠長看大家都沒有解決的辦法了，就想到外面去請專業的維修人員，這時，俊凱卻站起來對廠長說：「讓我試試，我想我有辦法。」

大家對俊凱的這個舉動都感到奇怪，因為他平時是那種非常平凡的工人，個子小，身上總是髒兮兮的，所以大家平時都不喜歡他，廠長對於他的毛遂自薦也抱著懷疑的態度問：「你會修？幾天可以修好？」

俊凱回答說：「一天吧。」

第五章　提升自己的能力

　　當大家問他要用什麼工具的時候，他卻說只要一把小鐵鎚和一枝粉筆就行了。於是，白天，俊凱圍著電機左看右看，仔細的檢查，到了晚上就在電機旁邊休息，大家都開始懷疑他是在吹牛了，因為他壓根就沒有拆開過電機，大家都勸他不要打腫臉充胖子了。

　　有一個同事和俊凱關係不錯，就勸他說：「不會修就趕緊放棄吧！」

　　可是，他卻笑著回答說：「別急，今晚就知道結果了。」

　　一轉眼到了晚上，俊凱讓同事們給他搬來了梯子，爬上電機用粉筆在機身上畫了一圈，說：「這個地方的線圈燒壞了，一共燒壞了 19 圈。」

　　技術人員對俊凱的話非常懷疑，於是立刻拆開來看，結果發現果然是這樣，問題找到後，立刻得到了解決，電機很快就修好了，工廠的生產也恢復了正常。

　　那些當初認為俊凱吹牛的同事們一下子對他刮目相看，對他能這麼神奇的一猜就中表示好奇，俊凱告訴他們：「這不是猜的，是靠精湛的專業技術。」

　　在你抱怨自己的職位一直沒有得到提升，薪資一直沒有漲之前，先想一下自己是不是掌握不可替代的專業技能，如果沒有，那麼就不要抱怨了，因為你根本就沒有抱怨的資本，如果你的技術水準隨時都可以被人取而代之的話，那還

是先擔心自己的工作是不是保的住，與其浪費時間去抱怨，還不如趕快把自己的技能提升到最好的水準。

在英國賽馬界，有一位聲望極高的權威亨利‧亞當斯，他既不是聲名顯赫的老闆，也不是技能超群的賽手，而是一位釘馬蹄的鐵匠。他釘的馬蹄可以說是馬蹄上最合適的馬蹄。他說：「我給牠們釘了一輩子的蹄，這就是我的工作，也是我最關心的事。我看到一匹馬，首先想到的就是該為牠釘一副什麼樣的蹄最合適。」

他一輩子給人家釘馬蹄，為自己贏得了相當高的榮譽。就算到了他年事已高的時候，找他釘馬蹄的賽手們仍然是絡繹不絕，甚至還要排隊等候，因為他的技術是無人可以替代的。

所以，從現在開始，就努力磨練你的專業技能吧，當你掌握了精湛的專業技能，就能像賣油翁一樣使油穿過錢孔而一滴油也不沾，可以像古代的英雄人物可以百步穿楊、百發百中一樣，達到人無我有，人有我精的境界，到時候就算你的老闆會給你不公平的待遇，那你也有了和他討價還價的本錢，更何況，每個老闆都對這樣的人才求之若渴，會給你最好的待遇，把你當成公司裡的棟梁。諸事平平，不如一事精通，這是取得業績、成就偉業的關鍵，也是職業人士攀登職業高峰的祕訣。

第五章　提升自己的能力

‖ 培養自己的核心競爭力

　　現在社會的競爭壓力越來越大，假如你想在市場競爭中永遠處於勝利的地位，就要努力培養自己的核心競爭力。在形成自己的職業優勢之前，就要細心的摸索，把自己的職場核心競爭力培養出來。

　　什麼是職場核心競爭力？也許可以這樣描述：當主管分配重要任務時，它會讓主管不由地說，這個任務只有你來做我才放心。當同事碰到某個問題，它會讓同事不由地想，只有你能幫他解決，你是這方面的專家。職場核心競爭力，雖不具有排他性，但具有可比性，它意味著在某個任務分配或是問題出現時，即使你不是唯一的選擇，也一定會是現有條件下最好的選擇。

　　職場核心競爭力與你從事的工作相關，它是你的專業能力的精髓。比如：身為一個技術人員，你的核心競爭力一定是技術領域的，就算你擁有張學友的嗓音，這也不意味著你的核心競爭力是你的唱功，因為老闆僱用你是為了解決技術問題，而不是讓你來當聒噪的「K歌之王」。

　　職場核心競爭力要求你精於此道、以此為生，它是你養家餬口、建功立業的手藝，你可以在很多方面表現突出，但一定要有個領域，你遊刃有餘，退可守，進可攻，職場上不管你怎麼折騰，你需要有個陣地，它能讓你有退路，讓你永

遠不會輸。不要抱怨你的工作很瑣碎、很無聊、很沒動力，仔細想想，你是否真的了解你的工作，是否了解如何在這樣的工作裡培養核心競爭力，把你的工作模組化，看看哪些是事務性的，哪些是技術性的，哪些是創造性的。

事務性的模組，需要你把自己變成耐心的「熟練工」，你的核心競爭力是熟練，熟練很容易獲取，也很容易遺失，準確地說，它是「最低級」的核心競爭力，當你熟悉某些工作的流程或要點時，不要得意，你只不過是多做了幾次而已。技術性的模組，你需要把自己變成專心的「技術員」，你的核心競爭力是專業，專業讓你業績突出，給你帶來主管和同事的信任，它是「最本質」的核心競爭力，你需要在政策理解、技術掌握、解決困難等方面展現超乎他人的專業。創造性的模組，你需要把自己變成用心的「科學家」，你的核心競爭力是投入，而投入是熱愛，是鑽研，是全心全意去尋找能夠改進工作、提升自我的創新之道，它是「最高級」的核心競爭力，它需要你把工作當成一份驕傲的事業來對待。

職場制勝之道，就是擁有核心競爭力，成為熟練、專業、投入的職場人士，如果你不愛你的工作，請至少要保持那份熟練和專業，道理很簡單，即使你不愛吃這口飯，也一定要保護好你的飯碗。如果你愛你的工作，請記得對你的工作模組進行分類，熟練你該熟練的，專業你該專業的，投入

第五章　提升自己的能力

你該投入的。不要在抱怨、嘆息、無聊和無奈中工作,要找到工作的價值點,培養核心競爭力,你要做的、能做的事情其實很多很多。

不同的生涯階段,需要不同的競爭力。在你事業剛起步的幾年,也就是三十歲之前,核心競爭力就在於你的專業技術;在你事業起飛的時期,也就是你三十歲到三十五歲之間,核心競爭力就是你的管理能力;在你的事業高峰期,也就是在你三十五歲到四十五歲之間,核心競爭力就是策略規畫和資源整合能力。在你每一個事業階段,你都要建立一份競爭力的清單,經常審視一下自己,一方面填補一下自己的不足,另一方面把自己的優勢充分發揮出來。

拿初入職場的新人來講,必須在二十幾歲之前強化一下自己的競爭力:學歷。

❖ **學歷**:如果你本身的學歷不太高,最好繼續進修獲取更高的學歷,這是一個非常不錯的補救方法。另一個補救方法就是在選擇職業時選擇一些學歷門檻不太嚴格的工作,如一些服務行業、製造業等,由於你在人才競爭上沒有什麼優勢,對學歷也就不敢有什麼太高的要求,這樣的話還不如先累積一些資歷,因在人才競爭上處於劣勢,對學歷也不敢要求太高,不妨先累積一定的資歷,因為資歷和學歷是一樣重要的。

- ❖ **證書**：現在社會，這些金融業、IT 業、房地產業、美容業等行業都已走向證照化，早就不再只有法律、會計、醫療等行業才要求有執業證照。假如你的學歷不太高，專業證書就能多少彌補你學歷方面的不足。

- ❖ **職業規畫**：有沒有遇到過這些問題：你有沒有對現在的工作覺得乏味無趣？缺乏熱情和動力，一點工作積極性都沒有？覺得工作就是一種痛苦？對自己的將來感到困惑，甚至感覺沒有未來？覺得自己不太適合目前從事的工作？一天到晚的忙碌，卻不知道自己到底在忙什麼？可是為了生活，又不得不撐著做下去？想換工作，卻沒有把握找到更好的工作？職場上至少有八成的人會遇到這幾個問題。之所以會出現這幾種問題，最根本的原因就是因為他們工作時沒有目標，在入職之初，就為自己確立一個清晰可行的職業規畫，並按照規劃去奮鬥。當別人沒有方向，只顧眼前的時候，你要比別人看得更長遠，你就能更容易地獲得成功。

- ❖ **專業技能**：在校期間所學習的專業，只是你踏上專業之路的第一步，很多行業需要的專業技能，在學校是不可能學到的，一定要實際進入職場後，從工作中學習。所以，在進入職場的最初幾年屬於「學習期」，薪資待遇倒在其次，寶貴的學習機會才是最重要的，所以，要把

這份工作當作是學校的延伸，把主管和有工作經驗的同事當成是自己在學校時的良師，虛心向他們學習，專業技術才能學好，職場的路才能走得穩。過去所謂的專長，由於單一技能的人才太多，如果你能跨領域培養多種專長，就能拉開領先的距離。

❖ 歷練：跨國公司之所以可以培養出很多高階人才，其中重要的一個辦法法就是「輪調」，那就是讓你在不同的分公司和國家裡培養閱歷。而你將來是否能夠成大器，很大部分就決定在你的閱歷上。對於職場新人來說，對於主管交代下來的高難度工作，不能視它是畏途，應該積極的爭取參加各種活動專案，珍惜這樣的機會，給自己更多的歷練。

❖ 人脈：往往在你想不到的小事中，會得到別人意想不到的幫助。但是「貴人」不會從天上掉下來，平時就要勤於耕耘。在你受到別人的幫助前，要先學會幫助別人，先有付出才有回報。

以上所說的職場競爭力，希望你苦練內功，能具備並善於運用，為自己的未來加分。

對年輕人而言，擁有社會核心競爭力，是最重要的。讓自己在職業場上，擁有不敗之地的職業技能，是在職業場上生存的根本。在職業場上，如果一個人到了而立之年，還沒

有形成自己的職場核心競爭力，那就一個危險的訊號。而立之年是職場上的分水嶺，可以進一步發展的就能平步青雲了，不能發展的就只能永遠在下邊了。現在社會的大學教育非常普及了，社會競爭也是非常激烈，語言早就不是核心競爭力了。如果你想在職業場中可以長期發展下去，就要有屬於自己的核心技能，就是屬於自己的核心競爭力，這種技能一定要透過社會工作實踐的累積才可以得到，朝夕之間所得到的技能不能稱其為核心競爭力，這樣的競爭力，別人可以很輕鬆地獲得並且超越你。

核心競爭能力是職業人士生存的利器，是展現個人商業價值的重要依據。無論你在哪家企業任職，也不管該企業是否知名，身為職業達人，必須知道自己未來的發展方向和職業目標，並不斷累積和提升自己的整體能力，同時加強執行力的培養，這樣才能成為在某個領域不可被他人替代的菁英。

培養好的習慣

要想改變自己的命運，首先要改變自己的習慣，培養一個好習慣。一個壞習慣多於好習慣的人，他的人生是向下沉淪的；而一個好習慣多於壞習慣的人，他的每一天都是積極的、充滿活力的。

第五章　提升自己的能力

　　培根曾經這樣說過：「習慣是人生的主宰。」養成良好的習慣，會使你受益終生。

　　「早睡早起好習慣」這是一個對每個人來說都習以為常的一句話，但卻是一句非常有道理的話。

　　經過一整夜的休息，人的身體得到全面的放鬆，精力充沛而且頭腦清醒，再加上早上空氣非常清新，這就非常適合人們進行鍛鍊，這樣更有利於身體健康，但是也有人覺得進行充分的休息也是保持健康的關鍵，不管哪種觀點是正確的，但是有一點是值得肯定的，那就是人在早上起床後的精神狀態是最好的。

　　起得早並能很好的按計畫行事，安排一天的工作，那麼這個人的一天就是非常順利的一天，因為他走在了時間的前面，安排好了自己的工作，而那些做事非常拖拖拉拉的人，就會深受其害了，早早的做好準備，以一種飽滿和興奮的情緒積極的投入到一天的工作和學習中去，會有一種令人振奮的力量，使人一天都幹勁十足，那些晚起的人總說自己和早起的人做的事一樣多，這可能也有一定的道理，但不得不承認，早起的人，比晚起的人更加具有生機，幹勁更足，工作效率也更高。

　　培養一種勤奮的習慣也是你成功的基礎，只有勤奮才能讓你把自己的才能充分發揮出來，獲得事業的成功，聖保羅

告訴我們：「這是對你們的要求，誰要是不工作的話，他也不應該吃飯。」這句話是一句至理名言，任何一個身心健康的人，只有勞動了，才有資格活在這世上。

勤，總是和「苦」字連繫在一起的。而甘於吃苦，一輩子勤奮努力，如果沒有一點韌性，是很難做到的。在我們勤奮工作的時候，儘管還沒得到成功的報酬，卻已先磨練了自己的意志，培養了自己的堅韌，這難道不是一種收穫嗎？

北宋史學家司馬光每天都早起，怕睡過頭，他給自己做了一個圓木的枕頭，枕這種枕頭，只要稍微動一下，枕頭就滾開，頭就落在木靡上，人就會驚醒。司馬光把這個枕頭叫做「警枕」，意在警策自己；不可鬆懈懶惰。

18 世紀法國哲學家布豐（Buffon）25 歲時定居巴黎。他有晚起的惰性，想克服，終未見效。後來他請了一個剽悍的僕人來監督自己。他和僕人講明：不管他晚上多遲睡覺，每天早上 5 點鐘必定把他叫醒，叫不醒他可以拖他起來，他要是發脾氣，僕人可以動武，如果僕人沒有做到要受罰。這位僕人忠於職守，終於使布豐每日清晨即起，看書、運動。

業精於勤而止於惰，勤奮從來就是一切成功者共有的品格。這個世界上沒有不勞而獲的東西，所有的一切都要靠你自己的雙手去努力創造。

有了勤奮的好習慣，就會有一個良好的時間觀念，每一

第五章　提升自己的能力

個人都有二十四小時的時間，但是在這同樣的二十四小時裡，不同的人卻有著不同的收穫，老天爺只會眷顧那些勤勞的人，時間是一筆無形的財富。你要學會充分利用它。浪費時間是可恥的，因為這是世界上最寶貴的東西，它如流水，一去不復返。古語有云：「一寸光陰一寸金，寸金難買寸光陰。」可見古人早就意識到這個問題了。

朱自清曾在著名的散文《匆匆》裡這樣寫道：「洗手的時候，日子從水盆裡過去；吃飯的時候，日子從飯碗裡過去；默默時，便從凝然的雙眼前過去。我覺察他去的匆匆了，伸出手遮挽時，他便從遮挽著的手邊過去；天黑時，我躺在床上，他便伶伶俐俐地從我身上跨過，從我的腳邊飛過。等我睜開眼和太陽再見，這又算溜走了一日。我掩著面嘆息。但是新來日子的影子，又開始在嘆息裡閃過了。」

赫胥黎曾說過：「時間是最不偏私的，給任何人都是 24 小時；同時時間也是最偏私的，給任何人都不是 24 小時。」時間的流逝是無情的，是可怕的，沒有任何人任何事物可以擋住他的腳步，而聰明的人總是會想方設法的把時間利用好，很多有成就的人都非常珍惜時間，曾經有人誇讚某作家是天才，該作家說，哪裡來的天才，我只是把別人偷懶的時間都用在了寫作上。只有懂得珍惜時間的人，才懂得生命的可貴；只有懂得充分利用時間的人，才能取得更加傲人的成績。

一個良好的習慣能幫助我們在人生的道路上走得更為通暢，而不良的習慣卻是我們失敗的主要原因，所以不管個人生活還是交際處世，我們都必須積極培養一個良好的習慣。

培根說過：「習慣是人生的主宰。」的確，良好的個人習慣的形成對一個人的成長和發展是極為重要的。不良的習慣會讓你終生受其害，而好的習慣，會幫助你一步步走向成功。綜觀古今，許多成功的人士之所以能夠成功，並不是因為他有多麼高的智商，而是良好的個人習慣成了他們的助推器。

美國的羅斯福總統是美國歷史上最有影響力的總統之一。人們在分析他成功經歷時發現，他的成功得益於他本身養成了許多好的習慣，而這使得他克服了很多的困難，最終成就了偉大的業績。

關於自己的習慣，羅斯福總統是這樣描述的：「只有透過實踐鍛鍊，人們才能夠真正獲得自制力。也只有依靠慣性和反覆的自我訓練，我們的神經才有可能得到完全控制。從反覆努力和反覆訓練的角度而言，自制力的培養在很大程度上就是一種習慣的形成。」

羅斯福總統很注意自身的修養，他曾羅列出自己 13 個最壞的習慣，然後堅持每段時間改正一個，最後終於把這些壞習慣通通改掉，他還注意體育鍛鍊，使得自己養成了果斷堅

第五章　提升自己的能力

毅的性格。也正因為如此，他才取得了一系列偉大的成就，他是美國歷史上最年輕的總統，並曾獲得諾貝爾和平獎。

一個人的習慣，通常能展現一個人的品格。一個好的習慣，有時也會成就一個人的事業。

美國福特公司名揚天下，不僅使美國汽車產業在世界獨占鰲頭，而且改變了整個美國的國民經濟狀況，誰又能想到該奇蹟的創造者福特是因為一個小小的紙屑而進入公司的呢？那時，福特剛從大學畢業，他到一家公司應徵，一起應徵的幾個人學歷都比他高，在其他人面試時，福特感到沒有希望了。當他敲門走進董事長辦公室時，發現門口的地上有一張紙，他很自然地彎腰把它撿了起來，看了看，原來是一張廢紙，就順手把它扔進了垃圾桶裡。董事長把這一切都看在了眼裡。福特剛說了一句話：「我是來應徵的福特。」董事長就發出了邀請：「很好，福特先生，你已經被我們錄用了。」這個讓福特感到驚異的決定，實際上源於那個不經意的動作。從此以後，福特開始了他的輝煌之路，直到把公司改名，讓福特汽車聞名全世界。

另一個例子是關於蘇聯太空人尤里·加加林（Yuri Gagarin）的。1961 年，加加林乘坐「東方一號」飛船進入太空遨遊了 108 分鐘，成為世界上第一個進入太空的太空人。這個榮譽不是每個人都能得到的，他能在 20 多名太空人中

脫穎而出，是一個良好的習慣成就了他。在確定人選時，20個候選人實力相當。在學習之前，主設計師發現，在他們之中，只有加加林一個人是脫鞋進入機艙的，其實脫鞋進入機艙只是他的習慣，他不想弄髒機艙。主設計師看到有人對他付出心血和汗水的飛船這麼愛護，當時是多麼感動啊，當即就決定讓加加林執行試飛任務。

不要小看這麼一個小小的細節，一個下意識的動作往往是出自一種習慣。一個好的習慣，有時真的可以改變你一生的命運！

還有一個故事，是這樣講的：一個人，家裡非常的窮，但他一直都夢想著有一天能過上很好的生活。有一天，他夢到自己見到了上帝，便對上帝說：「我一直都對您很虔誠，請您保佑我過上好的生活吧！」上帝想了想說：「好吧，那我就告訴你一個祕密：在世間有一塊小小的石子，叫點金石，它能將任何一種普通金屬變成金子。點金石現在就在黑海的海灘上，和成千上萬的與它看起來一模一樣的小石子混在一起，但祕密就在這裡。真正的點金石摸上去很溫暖，而普通的石子摸上去則是冰冷的。只要你能找到它，那你就會過上幸福的生活了！」

這個人於是對上帝千恩萬謝，第二天一早醒來，便迫不及待地變賣了家中的所有財產，然後又買了一些簡單的裝

備，收拾收拾上路了。他來到了黑海海邊，在海邊搭起了帳篷，便開始撿那些石子。

他知道，如果他撿起一塊普通的石子並且因為它摸上去很涼就將其扔在地上，他有可能幾百次都撿起同一塊石子。所以當他摸到冰涼的石子的時候，就將它們扔進大海。他這樣做了一整天，結果卻一無所獲。第二天，他又開始工作，撿起一顆，涼的，然後扔進海裡。一天，一月，一年……他還是沒有找到那塊點金石，他每天就這樣撿著，摸著，扔著……

但是有一天，他撿到了一塊石子，而且這塊石子是溫暖的……但他隨手就把它扔進了海裡。他已經形成了一種習慣，那就是把他所撿到的石子通通扔進海裡，哪怕是他真正想要的那塊點金石已經來臨。

他還是那樣撿著、扔著，直到有一天，有人在帳篷裡發現了他的屍體。他這一生，從沒有過上他夢寐以求的那種生活，他只是在不停地撿著石子。

你有什麼樣的習慣，就會導致什麼樣的人生。讓我們記住下面這句話：播下一個行動，你將收穫一種習慣；播下一種習慣，你將收穫一種性格；播下一種性格，你將收穫一種命運。

職場經歷也有機會修正

現在的年輕夫妻不再喜歡獨門獨院的住宅了，就算是可以選擇小一點也會非常喜歡公寓式或大樓住宅。公寓式住宅不僅容易轉手出售，而且也不用在裝修上花很多精力，每隔幾年換一換壁紙就行了。但是就算是這種看起來好像一點都不需要管理的公寓在十幾年之後也會老化，換換壁紙根本就不能解決問題。比如由於管路陳舊，自來水開始變得渾濁，門窗也變形了，無法正常關閉。

這時周圍的居民就會提議重建房屋或是進行都更。尤其是在周圍有了新的建築出現，或是同一時期的公寓因為重建價格一路狂漲，那麼關於重建的議論就會在很多居民間傳得沸沸揚揚。

職業生涯和我們剛才說的問題一樣。從大學畢業以後到入職工作，可以按照已定好的職業規畫圖按部就班的做就行了。但是過幾年後就會發現，如果參照入職時候制定的職業規畫圖，早已經找不到最終的目標了，規畫圖上原有的路都封閉了，要麼就是已經有了新的問題。

有時會索性變更目的地。這張職業規畫圖就像你的一張地圖一樣，比如：出發時的目的是到綠洲，但是綠洲的水早就已經枯竭，這個綠洲也已經找不到從前的模樣了。同樣，職業或職場也是一樣的，特別是看到別的和自己同一時間入

181

第五章　提升自己的能力

職的人找到了更好的工作，或透過出國留學或透過 MBA 畢業職業生涯得到成功的時候，就會覺得自己入職時的職業規畫就像那些破舊的公寓似的，希望重新建設。

但是重建工作比我們想像中得要複雜的多，要花費幾年的時間騰出來搬出去住，要自付一筆一大部分租金。資產價值雖然升值了，但是投資資金會套牢在房子上，沒有多餘的資金是很危險的事。加上現在社會經濟不景氣，政府從政策上嚴格控制房產的價格，那麼重建公寓也許根本就不是賺錢的買賣而也許會是個賠錢的賭局。在這些壓力下，人們開始把目光轉移到了房屋的改造或都更上。

職場情況也很一樣的。職場的重建就是改行。改行就意味著對過去的工作經歷全都否決。重新開始尋找新的領域，這種做法有一定的風險。把自己原來的工作成果全都放棄，以「年長的新員工」身分來到一個新的行業。「年長的新員工」除了年齡大，在職場中和那些職場新人一點差別都沒有，所以級別、工作內容、薪資和福利等待遇都和那些年輕的職場新人一樣，同時還要和他們競爭才能在公司繼續生存下去。

正因為有了這些危險和負擔，用自己的核心經歷再不斷的尋找新的工作經驗的「職業生涯再設計」就非常受人關心了。韓國一家大型建築公司林先生的「職業生涯再設計」就是一個非常成功的案例。

　　林先生一直嚮往海外工作，他在大學畢業之後聽取一位長輩的勸告進入一家國有企業工作。但這家國有企業就像這位長輩描述的一樣，沒什麼知名度，待遇也不太好。林先生是的國立大學畢業的，學的法律專業，而這份工作只是一般的管理業務，和自己的專業幾乎一點關係都沒有。

　　工作了一段時間以後，林先生發現自己的工作根本就沒有到海外工作的機會，再有就是待遇也不太好，他在這裡工作就像到了地獄似的，可是再找其他工作又不是很容易的事。林先生受到了很大的打擊，每天都是得過且過無奈地過日子。周圍的同事都勸他「要麼走，要麼留，趕緊做個了斷吧」。

　　兩年以後他成了公司內的「局外人」，最後終於放棄了這份工作。他又去了一家公司負責了企劃工作。但是在這個公司工作好像還是和以前一樣看不到任何希望，他開始對未來感到非常不安。於是就嘗試股票、考分析師，只要覺得有前景的行業，他都去嘗試了。

　　但是他所做的努力最終都白費了。他開始反省自己的過往，發現自己的職業生涯規畫中犯了一個非常嚴重的錯誤，並由此得出了一個結論，不管自己是不是喜歡，都應該一直圍繞著自己的專業找工作，而且周圍的親朋好友也覺得他「適合做一些企業法務類的業務」，於是林先生又開始重新寫履歷、重新求職。

第五章　提升自己的能力

　　讓林先生喜出望外的是，他接到了韓國一家著名大公司的面試通知。看來國立大學法學專業的學歷，再加上他對自己工作經歷的誇大包裝成功地吸引了這家公司的眼球。但是林先生在面試的時候卻敗下了陣。面試用英語進行，而且面試考官對法律業務的具體知識進行了詳細的提問。林先生在大學畢業後就放下了英語，法律業務也沒怎麼接觸過，於是他不得不沮喪的離開了考場。

　　回去後，林先生立刻報名了英語補習班，又開始重新複習早就丟下的法律書。就這樣經過兩年艱苦的努力後他終於求職成功，成為一家韓國知名大公司的法務負責人。

　　如果林先生還待在前兩家公司的話，因為工作不適合自己，可能永遠也找不到工作的樂趣。英語水準不行還想到海外工作，等著他的一定是到處碰壁，最後等著他的，可能就是自己經營一個小門市吧。

　　林先生之所以成功，是因為他從自己的專業出以進行了合理的職業規畫。他在履歷和自我介紹中突出了國立大學法學專業的學歷，並稱自己在企劃工作中曾接觸過法律業務，盡量讓自己的職業軌跡更加靠近法律業務。雖然他曾由於對自己的誇大包裝履歷而失敗，但是這也成為了一個很好的教訓，透過這次教訓他懂得了，只有以自己的職業生涯為基礎的履歷才會真正的引起重視，只有以具體內容為基礎的工作經歷才能得到企業的認可。

讓自己有一份上升式的履歷

更改職業經歷，需要「選擇和集中」。近來在企業經營當中「選擇和集中」與「核心人才」成為了最常使用的概念。因為事業不可能涉及到所有領域，所以要選擇自己最擅長的和最能出成果的領域並集中投入力量，這是企業的一種經營策略。

在更改職業經歷的過程中同樣需要此策略，這是為了克服後起者的侷限性。即使再出色的人才，如果改變了原有職業進入到新的領域時只能成為新手，新手和先行者競爭就要集中優勢力量。為了集中力量就要懂得保留和捨棄原有的資產。

原來在一家韓國中小型化學纖維企業負責營業工作的 T 先生，三年之後進入一家有名的綜合商社成為了海外貿易專家。他畢業於地方國立大學貿易專業，畢業之後胸懷市場行銷專家的夢想，向一家大型企業投遞了履歷。但是以專業第一名的成績畢業的 T 先生，直到畢業六個月的時候仍然沒有找到工作，礙於面子他繼續向大企業投遞入職申請。結果一轉眼到了冬季，眼看下一級的畢業生也要和他進行就業競爭，情況十分緊迫。看此光景，指導教授把他推薦給了一家中小企業的社長朋友，「待業時間過長會更麻煩，先在這個企業裡累積一下經驗，再為將來做打算」，他接受了教授的

第五章　提升自己的能力

這一忠告。而他去的這家公司不過是 10 多個人的小公司，負責的業務也是銷售業務。在一個小公司裡負責了人人嫌棄的銷售業務，對他來說是一個不小的打擊。

T 先生才工作了幾個月就自尊心受到了傷害，甚至想放棄這個工作。在上班時間他偷偷溜進網咖在網上蒐集應徵資訊，向市場行銷職位投遞了履歷。而這一行為被主管發現，主管發出了最後通牒：「要麼好好做，要麼走人。」最後他決定振作精神，開始專心投入到現在的營業工作中。主管也很照顧他，「如果不喜歡營業業務，也可以負責企劃管理業務」，但是他謝絕了主管的好意，一心一意地做好自己的營業工作。

他透過市場調查拿出了新的創意，夜以繼日地東奔西走，營業業績也開始有了起色。產生信心的 T 先生說服社長開拓海外市場，他穿梭於貿易投資振興機構等公司收集資料，和海外的客戶持續取得連繫，最終成功獲得了美國客戶的訂單，之後訂貨量也在逐漸增加。

T 先生意識到，如果想更有體系地開展海外事業需要再學習，於是他報考了經營碩士研究生。在碩士學習期間他結識了一家綜合商社的高管，這位主管非常賞識 T 先生的海外市場開拓經歷和對於事業的熱情，並發出邀請讓他擔任海外事業部門的課長。

T 先生被大企業選中是因為他果斷放棄了「專業第一」的光環和對市場行銷專家的迷戀，全力投入了海外的業務

中。他之所以能吸引企業高階主管的眼球也是因為他擁有貿易專業知識，並且具有海外營業方面的成功經驗以及主動學習、自我開發的精神。

如果他固守了大企業市場行銷專家的夢想，很有可能現在仍然在大企業的門外徘徊。地方大學畢業生如果沒有特殊的才能，大企業一般不會給他們機會，當然「專業第一」也不會造成任何作用。

T先生成功的原因在於他透過選擇和集中擁有了一份「上升式」履歷。不是所有的人都能從大企業或知名企業起步再降到中小企業工作，形成「下降式」履歷。而且寫這種履歷的人也會越來也少，因為隨著經濟不景氣，企業的用人數量在大大減少，他們更偏好有工作經驗的職員，因而有機會在大企業起步的應屆畢業生的數量也在急遽下降。而現在從中小企業開始慢慢向大企業轉移的職業規畫圖也在逐漸被人們認可。

基於目前的社會情況，想更改自己的職業經歷的人，應該考慮到身為後起者的劣勢，積極採用這種上升式履歷，否則職業生涯再設計將會成為難題。職業生涯再設計失敗的人，或因進修教育，或因子女關係，在休假後不能回到工作職位，他們大多都沒有了解到「選擇和集中」的必要性，一直沉浸在「過去的光環」之中，沒有擺脫「下降式」履歷的習慣。

第五章　提升自己的能力

　　1997 年韓國外匯危機以後，離開金融圈的相當一部分人成為了個體經營戶，這也和上述情況十分相似。根據韓國勞動研究院對勞動部僱傭保險資料的分析結果顯示，從 1997 年 10 月到 2002 年 10 月期間，從銀行、保險等金融產業離職一次以上的人員共有 36 萬人之多，其中只有 15.8% 的人員仍在金融業界工作，而 65% 的人員甚至沒有僱傭保險，可以斷定他們已經退出了正規勞動力市場。

　　金融界從業者在退職後沒有回歸到金融界，是因為他們失敗的職業生涯再設計。當時離開金融公司的人員大都在金融界工作了許多年，所以改行對他們來說很困難，加之當時金融界對有經驗者的需求也不是很大，因此在同業內跳槽也成了問題。這時他們需要的是以原有的經歷為基礎進行職業再設計，但是大多以失敗告終。

　　他們應該在職業再設計的過程中運用「選擇和集中」的原則，一旦設定了目標就要大膽放棄與目標無關的東西，並且不應該期望獲得短期利益。而大多數的人都忽視了自己是新領域的新手這一事實，他們無法拋棄在金融公司時期的年薪和福利待遇以及社會地位，而且尋找新的職位還需要較長時間的學習和訓練，但是他們期望的是短期成果。結果可想而知，不僅沒有企業接收他們，就算是勉強任職，不到一年就離職了。就這樣遭受一兩次失敗以後，大部分人開始選擇

了獨立創業這條路。

畢業於國立大學的 L 先生的經歷就是銀行名譽退職人員的典型軌跡。他名譽退職後開始準備考試，可是半年後就放棄了。然後又開始從事保險設計行業，但是不到 3 個月又放棄，成為了一名課外補習學校的教師，而現在他在中小城市開設了一家課外補習學校。以夫人的名義貸款好不容易辦起的這所學校，如今效益也不太好，讓他很是頭疼。

目前在一家地方信用合作社擔任次長職位的 K 先生，曾經賣掉房子開了一家小飯店，但是由於經營不善而倒閉。他又開了一家服裝店，但是又賠錢關店。連房子都賣掉的 K 先生不得不寄住在父母家裡。萬幸的是，他又回到自己原來的職業圈信用合作社工作，只是薪水比以前少了。因此我們應該懂得職業生涯再設計成功的前提條件：「人往高處走」的動力和願意用足夠的時間去準備的決心。

善於思考

善於思考是一切智者和愚者之間的根本區別。善於思考的人總是可以從生活中的一個成功走向另一個成功。在遇到失敗和挫折時，也總是可以設法擺脫困境，走向光明。

思考有一種神奇的力量，它可以開啟心靈，激勵你的生命。人生離不開思考，思考是生命運動的非常重要的一部分。

189

第五章　提升自己的能力

　　把思考用在工作上，那麼工作就會做得更加完美，用心工作，非常積極的面對人生，完成人生的每項任務，得到更令人滿意的結果，只有這樣才能享受工作帶給自己的樂趣和收穫。其實，工作可以更美的。

　　家喻戶曉的香港首富李嘉誠之所以可以獲得這樣的成就，就是得益於他可以不斷地思考。從打工的時候起，他就是一個勤於思考的人。

　　李嘉誠的父親是一位教師，他非常希望兒子可以考上大學。但是，父親的突然去世，使得這個夢想徹底破滅了，只有十幾歲的李嘉誠不得不扛起家庭的重擔，以自己瘦小的肩膀維持家人的生存。

　　李嘉誠先是在茶樓做跑堂夥計，後來又應徵到一家公司裡做推銷員。推銷員首先要能到處跑，這一點難不倒他，以前在茶樓成天跑前跑後，早就練就了一副好腳板，但最重要是如何把產品推銷出去呢？

　　有一次，李嘉誠去推銷一種塑膠灑水器，一連走訪了好多家都無人過問。一上午很快過去了，他還是一點收穫都沒有，如果下午還沒有進展，他回去就沒辦法向老闆交代了。

　　雖然推銷的工作做得非常不順利，但是他是不停地給自己加油鼓勵，精神抖擻地走進了另一間辦公大樓。他看到走道上有許多髒污，突然靈機一動，直接去了洗手間，不是直

接去推銷產品，往灑水器裡裝滿了水，把水灑在走道裡。經他這麼一灑，原來很髒的走道非常神奇的一下子變得非常乾淨了。這一來，立刻引起了主管辦公大樓的人的興趣，一下午，他就賣掉了十多臺灑水器。

李嘉誠的這次推銷為什麼能如此成功呢？原因就在於，他用心思考了，掌握了一個推銷的訣竅：想要讓客戶動心，就要掌握好客戶的心理，聽別人說好，不如看到怎樣好；看到怎樣好，不如使用起來好。總是說自己的產品好，哪能比得上親自示範，讓大家看到使用後的效果呢？

在以後的推銷過程中，李嘉誠仍然能夠做到用心思考。在做了一段時間的推銷員之後，公司的老闆發現，李嘉誠跑的地方比別的推銷員都多，成交額也最高。一個如此會用心思考的人，怎麼能不獲得成功呢？

北宋時期著名的書法家米芾，自幼就喜歡書法，但苦於一直沒有突破性的進展。後來，他聽說村裡來了個書法非常好的秀才，於是急忙跑去請教。秀才拿本字帖給他說：「向我學寫字，必須要用我的紙。」米芾說：「我一定照您的指示去做。」秀才說：「但是我的紙非常貴，要五兩銀子一張。」米芾狠狠心還是買下了，由於紙張很貴，米芾只是用手指在桌面上來回照著寫來寫去，久久不肯下筆。秀才知道了，就責問他：「不寫如何練書法？」米芾就非常用心地寫

第五章　提升自己的能力

下了一個字，結果寫出來的字比字帖上的字更有力量。秀才說：「以前你寫字總是不能用心。這次由於紙張很貴，所以你就很用心地去思考，然後才落筆。現在，你已經突破了你自己，將來一定能成為一個大書法家。」

歐內斯特‧拉塞福（Ernest Rutherford）對思考特別推崇。有一天深夜，他去實驗室的時候，發現有一個學生正在埋頭做實驗，他覺得很好奇，就問他：「你上午的時候在做什麼？」學生回答道：「在做實驗。」「那下午呢？」「我也在做實驗。」拉塞福有點感到意外，繼續問道：「那晚上呢？」「也在做實驗。」學生回答道，並且臉上露出了興奮的笑容，他認為老師就要讚美他了。

但是，沒有想到的是，拉塞福大發雷霆，嚴厲地斥責他說：「你一天到晚就知道實驗，那你什麼時候思考？」

拉塞福從小喜歡動手動腦，顯示出了他不同一般人的創造天賦。在拉塞福一生中具有重要作用的一本書，《物理學入門》，是這本書把他引導上了研究科學的道路。這本書不僅給讀者一些知識，書中還描述了一系列簡單的實驗過程，這樣就訓練了讀者的智力，拉塞福被書裡的內容吸引並由此悟出了一個道理，那就是從簡單的實驗裡探索出重要的自然規律，這些對拉塞福一生的研究工作都產生了重大的影響。他成為一個碩果纍纍的大科學家之後，仍然很重視讀書和思

考。讀書和思考一直伴隨著拉塞福一生。

　　人要善於思考，只靠一味地苦幹奮鬥，埋頭苦幹而不抬頭看路，結果常常是原地踏步，明天仍舊重複和今天的故事。

注意個人學習能力的提升

　　在企業中，最受歡迎的員工往往是這樣的員工：在工作中，他們有高度的責任感和超強的精力；在生活中，他們更是把可以利用的時間都用到了學習上面。為了獲取知識，他們虛心好學，精益求精。最終，他們迎來了個人和企業的共同發展。

　　「個人學習能力」是指個體吸收並運用知識改變工作或生活狀態的能力，它主要表現在兩個方面：對內是個體將所學知識、技能等自主地與自身原有的知識結構進行連繫，並轉化為完全屬於個人的能力；對外則是個體將所學知識或技能等進行應用或適用的能力。另外，研究證明，學習力不僅包含學習能力，還包含情感（個體對學習的態度）及個體生理條件等因素。

　　在現代這個知識經濟的時代，學習早就不再被認為是坐在教室裡上課這一個簡單的形式了，學習的內涵發生了翻天覆地地變化。學習已經沒有了時間的分隔、人員的界定和場所的限制，學習已經變成了所有人的事情，人們隨時隨地可

第五章　提升自己的能力

以參加學習，所以，學習能力的提升遠比學習知識更為重要。因為知識是在不斷更新的，相對來說，人們更加需要提升學習知識的個人能力。那麼，身為一名員工，應該怎樣提升自己的學習能力呢？怎樣受到企業的歡迎呢？

孔子曰：「三人行，必有我師焉。」這句話的意思是告誡人們要謙虛，不要自以為是，好為人師，並且要有不恥下問的精神。正是：愚者千慮，必有一得；智者千慮，必有一失。

許多大學問家尚且如此虛懷若谷，我們就更應該努力學習並改正自己的不足之處。在現代這樣一個資訊爆炸時代，知識更新週期越來越短，學科分支也是越來越細，誰也不可能將所有的知識盡數吸收，也不能保證自己所學的知識就夠一輩子用的了，這就更需要我們不恥下問、虛心請教，克服自以為是的壞毛病。

另外，還要從不同管道、各個方面吸收資訊，這是自身學習能力提升的重要前提。因為個人的知識水準是非常有限的，要想提升自己的學習能力，就必須廣泛吸收外部的資訊、知識、資源和變化，並樂於嘗試新思想和新事物。同時這也是個人良好修養的一種表現。只有不故步自封，才能認真傾聽他人的意見和建議並對此給予公正地評價，從而達到取長補短、完善自己的目的。

還有，在現實生活中，有很多人只要一有時間就「啃」書本，講起理論知識，他們滔滔不絕，但在實際工作當中，他們做得倒還不如普通的員工，這是為什麼呢？很顯然，這是由於他們忽略了實踐經驗的學習與累積，犯了紙上談兵的老毛病。所以，一定要結合實際工作，讓自己的知識和能力在實踐的基礎上取得更大的進步。

競爭對手學習

有這樣一些員工，他們對於自己的競爭對手，非但不敵視，反而能夠發現對手的優點並加以運用。這樣的人才是能真正取得成績、成就一番事業的人才，他們永遠不會把競爭對手當做是自己的敵人，反而時刻把對手當作自己的夥伴。他們會在競爭中提升自己的知識和能力，借鑑競爭對手成功的祕訣，分析對手失敗的原因，從對手那裡學習好的方法以幫助自己進步。這樣的員工，是非常受企業歡迎的人。

1991 年，山姆‧沃爾頓（Samuel Moore Walton）又一次登上了全美富豪排行榜，他是 WalMart 的負責人，當時他的資產高達 250 億美元。

山姆‧沃爾頓開第一家連鎖店的時候，他的人生目標就是要成為行業中的龍頭，當他達到這個目標的時候，所有的財富都會滾滾而來。

第五章　提升自己的能力

他在工作之餘，只要一有空，就不斷地研究他的競爭對手。既然他的目標就是想做行業中的最強，那麼他就一定要保證自己做的每件事，採取的每一個服務政策都比別的競爭對手更勝一籌，所以，他就會經常跑到競爭對手的店裡看看他們在做什麼，尋找對方比自己強的地方，當他發現競爭對手比自己做得好的地方時，他就會努力改進，力爭超越對方。

正是這個策略，使得山姆‧沃爾頓的公司在業內名聲大振，他的連鎖店也越開越多，最終成為了全美國乃至全世界最富有的人之一。

山姆‧沃爾頓的成功說明了一個這樣一個問題：只有充分了解你的對手，才有可能超越他；只有了解你的對手，你才能知道應該如何改變自己。所以，要想受到企業的歡迎，每個員工都應該養成這樣一個好習慣 —— 不斷研究你的競爭對手。具體來說，可以從以下兩個方面入手：

▌ 借鑑競爭對手成功的祕訣

成功最重要的方法之一，就是採用已經被證明行之有效的方法。一些人為了達到目標，花費了多少年的精力，經過了不知道多少次的失敗，總結了無數的教訓，才獲得了成功的法門，只要我們學習他們的成功經驗，吸取他們成功的精華，那麼在不久的將來，我們也能趕上或超越他們。

借鑑對手的成功經驗，可以先進行模仿。

提到模仿，有人可能會這樣說：「為什麼要模仿別人？要做就要拿出自己的一套來！」「模仿人家有什麼意思？就算成功了也會讓人笑話！」這些話聽起來很豪邁，殊不知，連模仿都沒有的話，又談什麼借鑑，而離開了模仿和借鑑，又哪裡來的創造呢？所以，從某種意義上講，模仿也是一種進步。

當然，一味地模仿絕對是行不通的。沒有自己的東西，你就會永遠跟在競爭對手後面亦步亦趨，永遠趕不上對手，更不用說什麼超越了。

借鑑則是從模仿通向創造的橋梁，把競爭對手的東西拿來，結合自己的實際情況做一番研究，以便取人之長、補己之短，從中吸取教訓，這就比單純模仿效果好得多了。

▎總結對手失敗的原因，在對手失敗的地方尋找機遇

要認真研究競爭對手的失敗原因，這樣可以使自己少走彎路，並從中可以發現新的機遇，仔細觀察我們周圍的人，很多人都是從對手的失敗中受益無窮的。認真研究對手的失敗，讓自己更加警覺，既不犯自己犯過的錯誤，也不犯對手犯過的錯誤，把對手的經驗變成自己的經驗，對手的教訓變成自己的教訓。

第五章　提升自己的能力

　　有些人的成功偶然因素很大，就像「瞎貓碰見死老鼠」等。對於那些靠偶然的機遇成功的人來說，認真研究對手的失敗，可以使他們立刻警覺起來，從中意識到自己往日的成功只是一個偶然，吸取教訓和成功經驗，讓自己立於不敗之地。

　　總而言之，要想在職場競爭中超越競爭對手並讓自己永遠立於不敗之地，唯一的方法就是去研究和了解你的競爭對手，學習他們成功的經驗並總結他們失敗的教訓，這樣既可以為你事業的成功造成推動的作用，又可以使你避免犯那些導致對手失敗的錯誤。不斷地向對手學習，我們終將變得越來越強大，能力也一定可以得到不斷地提升，也必定為老闆所欣賞和器重。

合理安排時間，做高效員工

　　時間對每個人來說都是公平的，每個人獲得的既不會比別人多，也不會比別人少，但是有的人卻成了億萬富豪，而有的人仍然在貧困的邊緣線上掙扎。對他們來說，關鍵的不在於他們的先天條件，而是他們對時間這個後天概念的理解程度。

　　許多人沒有成功，就是沒有合理的安排好自己的時間，沒有一個時間觀念。他們在這種「無時間」的概念下生活和

工作，有人說，我們每天都會去上班的，我們當然有時間觀念了，但是，請不要忘了，我們這裡所說的不是每天的上下班時間，而是對自己工作的時間觀念。身為員工，可能會有很多的爭隙要我們去做，但是我們一定要分一個時間順序或者按重要的程度來分，充分利用時間的最大效率化。不要讓我們因為對時間沒有清晰的體會失去了工作。

效率就是生命！只有那些懂得妥善安排時間，善於向時間要效益的人才能成為優秀的員工。

優秀的員工懂得一個道理：自己的命運與公司的命運緊緊相連，而公司能不能在今天競爭激烈的市場環境中得到很好的發展，就要向時間要效率，要比別的企業做得更快更好，所以他們都要求自己能迅速有效地做好每一項工作，成為效率高手，為他人樹立了一個高效率工作的榜樣。

前奇異電氣總裁傑克‧威爾許（Jack Welch）指出：「沒有一件事比現在要告訴你的更重要，那就是時間的寶貴與如何有效利用時間的方法。儘管每個人都會說：『要珍惜時間。』然而，在我所見到的人當中，真正了解如何『珍惜』時間的人並不多，而真正做到這一點的人就更少了。」

一個男人在富蘭克林報社門前的商店裡猶豫了一陣子，最後終於問店員開口了：「這本書多少錢？」

「1美元。」店員告訴他。

第五章　提升自己的能力

「1美元？」男人又問店員，「你能不能便宜點？」

「它的價格末來就是1美元。」這位店員再沒有其他的回答了。這個男人又看了一會兒，然後問了一句：「富蘭克林先生在嗎？」

「在，」店員告訴，「他在印刷室呢。」

「那好吧，我想見他。」這男人堅持要見富蘭克林。於是，富蘭克林被找了出來。

男人問：「富蘭克林先生，這本書你最低能賣多少錢？」

「1.25美元。」富蘭克林不假思索地告訴他。

「1.25美元？你的店員剛才還說能賣1美元呢！」

「沒錯啊，」富蘭克林說，「但是，因為你干擾了我的工作和時間。」這位顧客很奇怪。心想還是早點結束這場自己引起的糾紛吧，於是對富蘭克林說：「好，這樣，你說，這本書最低能賣多少錢吧。」

「1.50美元。」

「又變成1.50美元？你剛才不還說1.25美元嗎？」

「對。」富蘭克林冷冷地說，「我現在能出的最好價錢就是1.50美元。」男人默默地把錢放到櫃臺上，拿起書出去了。這位著名的物理學家和政治家給這男人上了終生難忘的一課：「對於有志者，時間就是金錢。」查斯特・菲爾德

勳爵四世這樣說：利用好時間是非常重要的，一天的時間如果不好好計畫，就會白白浪費，然後莫名其妙的就失去了時間，我們將一無所成。經驗表明，成功和失敗的界線就在於你是不是會合理的分配時間、合理的安排時間。人們一般都覺得這幾分鐘，幾小時沒什麼用，但實際上它們的作用非常大。班傑明·富蘭克林指出：「你熱愛生命嗎？那麼就不要浪費時間，因為時間是組成生命的材料。」

「記住，時間就是金錢。如果說一個每天能賺 10 個先令的人，躺在床上消磨了半天或是於了半天，他以為他在娛樂上只花掉了 6 個便士而已。但實際上他還失去了他本能賺得的 5 個先令。」

富蘭克林的這段名言通俗而直接地向我們闡釋了這樣一個道理：「如果想成功，必須重視時間的價值。」

提升工作效率，初衷也許並非為了獲得報酬，但往往會獲得更多。

許多人認為，忠實可靠、盡職盡責地完成分配的任務就可以了，但這還遠遠不夠，尤其是對於那些剛剛踏入社會的年輕人來說更是如此。要想取得成功，就必須做得更多更好。一開始我們可能在做一些祕書、會計、行政類的工作，但我們真的想這樣工作一輩子嗎？成功的人除了做好自己的本職工作外，還要做一些不一樣的工作來培養自己的能力，

第五章　提升自己的能力

引起他人的注意。

假如你是一個營業員，可能就可以在發貨清單上，發現一個和自己的工作職責沒關係且未被發現的錯誤；如果你是一個倉庫管理員，可能就能質疑並糾正磅秤的刻度錯誤，使公司免遭受損失；如果你是一名郵差，除了保證信件能及時準確到達，也許可以做一些超出職責範圍的事情……這些工作可能只是專業技術人員的職責，但如果你做了，就等於播下了成功的種子。

現代企業員工都想要透過提升效率來回報公司的知遇知恩，不管這些做法是主動的還是被動的，再加上現代人力資源管理的導向是效率優先，這就導致員工在完成自己的工作指標的同時，還會首先考慮提升自己的工作效率。在績效管理的框架中，每一個管理人員都應該是自己的時間管理者，這樣才能提升個人的績效。

在合理的時間內完成自己的所要求的任務。企業的員工在接到工作任務時，都會被要求要在規定的時間裡完成。把時間與品質這兩個要求永遠的貫穿在完成工作的過程中，並盡量提前完成。把任務完成的時間定在提交任務結果的最後一秒是錯誤的，這和前面提到的計畫的彈性是一樣的。因為事情不可能一直按著你的主觀設定往前進行。當你應該提交的任務和臨時的事情發生衝突的時候，就陷入了一種必須兩

者選其一的被動狀態。一個可以每次都按期完成工作任務的員工，就算不是天天顯得忙忙碌碌，也會讓老闆覺得你是個非常可靠且自動自發的人，而不是需要主管天天都追問你工作的進度怎樣怎樣。

知道有效地管理時間能讓你的工作效率升值，所以對於時間管理方法的研究是一個非常重要的話題，因為能有效地管理自己的時間的人，才可以有效地提升自己的績效。

工作任務的結束很可能經常被低估或是被忽略掉，但一直以來，對工作任務完結的重視，總能提升整個企業的營運效率，改變整個企業的營運表現，帶動整個公司生產力的提升。

如果你可以在幫助別的員工在工作時好好的運用時間的管理流程，那麼你就能夠幫他們提升工作效率。如果你手上還有沒有完成的專案，或是需要重新完成的工作，或是你發現別的員工在過去的一段時間為了完成一些工作任務而變得近乎瘋狂，那麼他就應該學習一下時間管理流程了。這樣做的原因就是出於分析的目的，想看看時間到底浪費在了哪裡，讓大家對自己的工作狀態有一個清醒的了解。員工們經常會為在瑣事上花費大量的時間，最終令自己都為之驚訝不已。隨著對時間花費情況真實了解的不斷深入，員工們很輕鬆就能找到更好利用時間的方法。這才是工作任務完成或企

業時間管理的真正開始。

隨著這個過程的不斷改進，操作任務或其他各項任務的時間，預計會變得更為準確。因為對自己不能如期完成工作任務的原因有了清醒的了解，員工也找到更好如期完成任務的方法。對工作完成持續的實際時間和預計時間的對比，不只可以讓自己對時間的預計更準確，還能讓員工的時間利用更有效率。

總而言之，提升工作效率需要正確的工作方法，當然更需要主管、下級、同事之間的通力合作和配合。

不只是把工作做好，還要在最短的時間內做好，因為現在是一個講求「時間效率」的社會，用自己的行為為別人做出榜樣，這樣的員工才是高效能手。

在職場上要有野心

有句話說：「不想當將軍的士兵，不是好士兵。」只有具備這樣的雄心壯志、這樣的野心，一個人才會去拚命，才會全力以赴，才會勇敢地排除一切困難和阻礙。在工作中也是如此。一個有野心的員工，會盡最大努力爭取出色的業績。這種人的心中永遠有著奮鬥目標，並且當這些目標一一實現之後，還會一個接著一個的新目標，就是受到了這種「野心」的驅使。

有些人可能會認為工作安安穩穩，雖然富不了但也餓不著就可以了。人生就這麼一點目標，生活也就這麼一點追求。這樣的人，直到生命的終結時刻，也只能是一個碌碌無為之人，既不可能為社會做出太多的貢獻，也不可能為自己的公司做出傲人的業績。人總是分三六九等的，在公司裡也一樣。有的人的業績總是排在第一名，受到老闆的重視，而有的人的成績總是普普通通，甚至越來越差，這樣的人不思進取，如果你怠慢了工作，那麼工作也會怠慢你，總有一天會知道自己用流逝的時間葬送了可以改變命運的大好時光。

雷・克洛克（Ray Kroc）在 1937 年開始進入職場，他在一家銷售混乳機的小公司裡擔任主管。在這家公司工作的十來年裡，他一直在想辦法尋找能夠改變自己命運的機會。因此，他一直努力地工作著，只是事業仍然平淡。然而，他的事業心卻絲毫不減，依然還是那樣野心勃勃。1954 年的一天，加利福尼亞的一家小餐廳居然一下子從他這裡購買了 8 臺機器。這讓他感到非常吃驚，因為自從他做這份工作以來，還從來沒有人一下子買過這麼多的機器。因此，克洛克決定親自登門拜訪，前去查看究竟。

克洛克發現那是一家專門做牛肉餅的小餐館，老闆是麥當勞兄弟：馬克和狄克。當克洛克一踏進兄弟倆的餐廳時，他馬上就意識到了這兄弟兩人已經踩上了一座金礦，因為竟

第五章　提升自己的能力

然有那麼多的客人僅僅只為了能夠買到一張牛肉餅而不惜排著長隊等候。

於是，克洛克趕緊向麥當勞兄弟二人提出讓他們開分店的建議，但兄弟倆的回答讓克洛克發現他們兩人屬於典型的安於現狀、享受生活的人。狄克一邊搖著頭一邊用手指著附近的那座小山說道：「你看到小山上面的那幢房子了嗎？那裡就是我的家，我非常喜歡那裡，假如我開了分店的話，我就不可能有更多的時間待在家裡好好休息了！」

然而，克洛克卻是一個事業心非常強而又野心勃勃的人，他向麥當勞兄弟倆請求讓他去開一家分店，然後將利潤中的5%給兄弟倆作為抽成，兄弟兩人很快便同意了。於是，1955年4月，克洛克的第一家麥當勞在芝加哥開張了。不用說，克洛克的小店越來越興隆，也越做越大，直到1960年，他已經開了280家分店。1961年，克洛克以270萬元的價錢從麥當勞兄弟手中買下了麥當勞的名號、商標、版權以及配方。麥當勞兄弟便拿著這筆對他們來說已經相當豐厚的一筆錢，退出了麥當勞的發展歷史。

到了後來，成功地將麥當勞推向全世界的麥當勞董事長克洛克提出了麥當勞的用人標準：「我們所需要的，是能夠把全部精力都投入到工作之中的人。如果他沒有什麼太強的事業心，而僅僅只是滿足於養家餬口、過一種安閒舒適的生

活，那麼，麥當勞不需要他。」正是在這樣一種用人理念的指引下，麥當勞在全世界成就了無數的富翁。

在講究快節奏、高效率的現代社會裡，老闆們都更願意僱用那些有著勃勃的雄心的人，哪怕這些人所覬覦的正是自己的位子。因為只有這樣的人才會像老闆一樣去工作，不需要別人的督促，可以「以一當十」，利用最短的時間做出最出色的成就。當你從眾多員工之中脫穎而出的時候，也就是你「一鳴驚人」的時候，升遷、加薪這樣的好事對你來說當然也就成了順理成章的事情。

所以，從現在開始，趕緊摒棄那種安於現狀、過一天算一天、今朝有酒今朝醉的打工心理，帶著一種積極向上的朝陽心態，給自己樹立一些近期和長遠的工作目標，下定決心並努力付諸實踐。「世上無難事，只怕有心人」，總有一天，你也會由一隻燕雀變成展翅高飛的鴻鵠，而只要你現在也具有像鴻鵠那樣的「野心」。

處處留心皆學問

「處處留心皆學問」是一句古話，意思是說，只要做有心人，時時刻刻都可以學到有益的東西。不管是現實中，還是書的世界裡，只要我們認真仔細地去尋找，我們就會發現到處都是知識。在現在的職場中，怎樣才能讓自己立於不敗

第五章　提升自己的能力

之地，除了專業技術之外就是要以逸待勞得不斷的學習，不斷的取人長補己短，這才是行之有效的好方法。

「三人行，必有我師焉」這一千古名言，用在現今競爭激烈的社會中仍然有效。

要學習不一定非要拘泥於一個環境和時間，留心觀察，到處都是學問。經常問問自己：也許這個事情不該自己做，但如果是自己做的話，自己會怎麼做？其他已經成功的解決辦法是怎麼樣？為什麼別人能夠想到那樣做？那種做法的成功之處在哪裡，有了這樣的思考後，就像自己做的差不多，雖然你沒有去做，但是你卻有了這個自己學習和提升的過程，尤其是在小企業裡，你就會有更多的機會去承擔，經常會遇到一個人做幾個人的工作的機會，這對你來說又是一種學習和工作經驗的累積。

許多人都知道，細節可以決定一個人的成敗，對很多事來說，我們可能不能斷定它結果的成敗，但是我們卻能留心觀察它的發展過程，最終得到一個結果，而這個過程又是一個非常細緻耐心的工作，這需要細心才可以做到。很多粗心的懶人會說細心是天生的，這個美麗的藉口，細心的人聽到之後卻只能一笑而過。那麼，工作的細心到底是從那裡來的？

首先，細心來自於一個人的成長環境，他在從小的教育過程中，如果老師和家長一直都在要求他專心學習，細緻的

寫作業,直到滿意為止,而且師長們都能身體力行,以身作則,成為細心生活的榜樣,那麼一個細心的成長環境就形成了,小孩生活在這樣的環境當中,感受到更多細緻的關懷,同時了解細心帶給自己的成就感和實惠,在潛移默化中,於以後的工作生活當中,也就會更注意細節。

其次,「細心」的泉源是一種責任感和使命感。曾經有人這樣說過:「人活著就要有一點精神。」一個人活在世界上就要有夢想和熱情,有了這些,才會對世間萬物充滿熱情,覺得自己活在這個世界上,不能白來人間,應該去做一些有意義的事情,才能從內心的深處啟發出最原始的使命感。

有了使命感,在工作和事業的面前,就會認為這份工作就是我的責任,是我應該去完成的,這個職責我必須去履行,有了這樣的責任感,就能從內心發出意願,自己願意花費精力和時間,盡最大的努力,去反覆檢查自己的工作,要求好上加好,為此寧願放棄自己的休息時間,把工作看成是一種責任和光榮融入到自己的身體內,貫穿自己的生命。

最後,細心的工作也來源於壓力的存在,所以懶人都知道,並不是他們不想去做好工作,而是因為細心的工作,都要花費很多的時間和體力,比起拖拉懶散來說,要辛苦的多,假如沒有相應監督機制,他們很有可能對工作不理會。這時壓力就顯得非常重要了,有一位主管經常說這樣一句

第五章　提升自己的能力

話：「我要把壓力釋放給別人。」工作不可以讓下屬形成一種依賴，他們做得不好，你就去幫他們改，幫他們買單，這是完全錯誤的做法，久而久之，員工就會形成一種依賴和惰性，一個副總的能力非常強，但卻強大不過一個團隊的力量。工作中主管要給他們一定的權利，同時也要給他們一定壓力，要他們自己對做過的工作負自己該負的責任，關鍵是對他們對做錯的事付出了代價。有了壓力，才會有動力，才會細緻認真的工作，高標準嚴格要求完成自己的工作。

在我們的工作中，要時刻把「細心」二字記在心頭，這就要求我們做到：對身邊發生的事，經常思考它們的因果關係；對做不好的執行問題，就要深入的挖掘它們的癥結所在；對習以為常的做事方法，要有改進或優化的建議；做任何事情要養成一種有條不紊和井然有序的做事習慣；經常去找幾個其他人沒有看出來的毛病或弊端；自己要隨時隨地對自己的不足進行填補。

在這個講求團隊意識的年代，靈感可以讓你產生更多的智慧，而智慧又能讓你產生更多的靈感，沒有人天生就什麼都懂，只有不斷的學習才能讓你變得聰明，書本的知識畢竟有限，工作中還需不斷的累積才是。

經常超越自己

　　「世間自有公道，付出總有回報；說到不如做到，要做就做最好」，如果你總是能夠將自己的工作做到最完美的程度，那麼你的老闆當然會願意把那些重要的工作交給你去處理，而且會非常的放心，但如果你每次對工作都是敷衍了事，馬馬虎虎，出現問題時還要不斷的找老闆，讓他親自出馬，那麼你就會成為老闆眼中的黑名單。有一個剛剛進入公司的年輕人，他認為自己的專業能力非常強，完成本職工作也是輕而易舉，因此，他對待自己的工作總是很隨便。有一天，他的老闆要他完成一項任務：為一家有名的企業做一個廣告企劃的方案。

　　這個年輕人心裡非常清楚，這是老闆親自交代的，自己不可以再像以前那樣怠慢，於是，他認認真真地思考起這個廣告策劃來。直到半個月後，他終於拿著一份方案走進了老闆的辦公室，然後恭恭敬敬地將方案放在了老闆的辦公桌上。沒想到老闆看也沒看一眼，他只抬頭問了年輕人一句話：「這是你所能拿出的最好的方案嗎？」年輕人對老闆的問話感到有些驚訝，他不敢做出任何回答。這時，只見老闆輕輕地將桌上的那個方案推了回去。年輕人沒有說什麼，拿起那個方案，靜靜地回到了自己的辦公室。

　　這一次，年輕人趕緊查閱了大量的相關資料，並且對那

第五章　提升自己的能力

家有名的公司作了詳盡的了解，之後又認認真真地做了一個方案交給了老闆。出乎意料的是，老闆還是那句話：「這是你所能拿出的最好的方案嗎？」年輕人感到十分不安，不敢給老闆肯定的答覆。於是，和上次一樣，老闆仍舊讓他將方案拿回去再好好修改。

當他再一次從老闆的辦公室拿回自己的方案之後，年輕人仔細想了想，他覺得老闆並不像是在故意刁難自己，也許自己做的的確還不是很好。於是，這一次，他下定決心一定要做出最好的方案來拿給老闆看。年輕人說做就做，他動身去了那家知名的企業，和那裡的工人在一起吃住，進一步了解他們的產品，與那家公司的高層主管溝通，了解他們想要的東西。最後，年輕人回到自己所在的公司，信心十足地將最新的方案放到老闆的面前，並且還沒等老闆張口，他就對老闆說：「這是我認為我所能做出的最好的方案。」沒想到，老闆這一次竟然微笑著對他說：「很好，你這個方案被批准通過了。」

這次的經歷讓年輕人明白了一個道理：不管什麼事情，要麼不做，如果要做就要爭取做到最好，這樣才能真正地達到標準。從那以後，這位年輕人在做工作時，經常問自己：「這是我所能拿出的最好的方案嗎？」然後，他繼續不斷地學習、不斷地改進。很快，他就成為了公司裡不可缺少的一

員，老闆對他所做的工作感到十分滿意。後來，他成為了部門主管，他所主管的團隊業績一直都名列前茅。

如果年輕人一開始就將自己的工作做到最好，那麼，他也就不需要一遍遍地麻煩老闆、麻煩自己了。總之，在工作中，折騰老闆就是在折騰自己，如果能夠將自己的工作做到最好，就千萬不要隨便應付了事。

一家律師事務所打算安排本公司的有關人員，與當地某銀行的員工進行一次午餐會議，會議的目的就是使雙方能夠互相了解，以便為將來可能進行的合作奠定基礎。本來這次午餐會議是由律師事務所的小王負責的，但他每次總是到附近的餐廳買些冷盤回來敷衍了事。這樣就導致這家律師事務所無法給這家銀行留下深刻的印象，並且律師事務所的其他員工也都開始抱怨，說這樣的午餐連本公司的人都感到不滿意，又怎麼可能會讓銀行員工有好印象呢？於是，過了幾個禮拜之後，這項工作便轉由律師事務所的小趙來負責。

小趙在了解了午餐會議對律師事務所的重要性後，對主管能夠交給她這樣的任務感到無比榮耀，她決定：一定要將這件事情辦好。於是，前一天晚上她就在家裡準備了開胃小菜，並訂製了一些在午餐會議當天直接送達現場的熱食。在現場，小趙也成功地扮演了一個女主人的角色，她與每名參加午餐會議的銀行人員寒暄致意。

第五章　提升自己的能力

這次午餐會議舉辦得非常成功，在當時就接到很多銀行職員讚美午餐精緻的便條。沒過多長時間，這家銀行就開始將一些法律事務交給這家律師事務所處理了，而這位女職員也得到了相對的回報：全面負責這家銀行的法律事務。至於小王，他比小趙早進公司半年，可是他至今仍舊在原來的職位上，沒有任何進步。

在工作中，要有精益求精的精神，永遠爭做最好而不甘於人後，這樣才會為一個公司的發展帶來源源不竭的動力，才不至於因折騰老闆而折騰自己。那些安於現狀不求上進，甚至自甘墮落懶散怠慢的人，永遠登不了大雅之堂，最終會被列入淘汰者的名單。

向身邊的人學習

美國第三任總統傑弗遜簽署法令，宣告西點軍校誕生時，說過這樣一句話「每個人都是你的老師。」這句話讓這所軍校的學生們受益終身，也給後來的很多人以警示作用。

愛默生曾經這樣說：「我遇見的每一個人，或多或少是我的老師，因為我從他們身上學到了東西。」

研究顯示，一般人的智商沒有太大的差別，也不會因此就給各自的生活道路造成多麼大的影響，而真正具有決定作用的則是後天的努力。這些努力就包括從他人那裡得到的經驗。

　　落後就要挨打，落後就要被淘汰，對於現在的上班族而言，落後就有保不住工作的危險，所以大家都意識到了學習的重要性，忙著去充電，拿到許多大小大小的證書，但是卻忽略了另外一種學習，那就是從周圍的每個人身上學一些有用的東西，讓自己得到提升。

　　身邊的人會讓自己學習嗎？你可能會這樣問，如果說從管理者身上學習如何管理企業，從公關經理身上學習如何為人處世還可以，但是，像清潔工、電梯工，及可能學歷還不如自己的同事，他們甚至都從事著跟自己無關或者是非常平凡普通的工作，那麼，能從他們身上能學到什麼東西呢？其實是可以的，只要你用心，就會發現他們身上也有你可以學習的東西。現在，我們來看一看林肯是怎麼做的。

　　在美國人心目中，林肯講話所用的字句是非常優美的，十分令人難忘的！可是林肯的父親卻是一個目不識丁的木匠，他的母親也只是一個平凡的家庭主婦。由於家裡太窮了，林肯並沒有受過良好的教育，他怎麼會有運用文學的特別天賦呢？其實，這些都是他向很多人學習的結果。林肯的這些老師中有在肯塔基州森林地帶巡遊的人學習，有伊利諾伊州第八司法區的許多人。他還曾和許多農夫、商人、律師商討國家大事，他從他們的身上學習到了許多的知識和道理。林肯成功的祕訣就是：「每個人都可能做我的老師。」

第五章　提升自己的能力

他虛心好學，善於向每個平凡至極的人學習，這與兩千多年前孔夫子所說的「三人行必有我師」如出一轍！

我們需要向別人學習，是因為尺有所短，寸有所長。每個人都有自己的長處和不足，要彌補自己的不足，就要注意發現並學習別人的長處，來改進自己的短處。剛才說到的向清潔工學習，也不是一個虛妄的辦法。

蘭蘭是個剛畢業不久的大學生，社會經驗很少，業務也不太熟練，但是幸運地是她是一個謙虛好學的女孩，雖然目前工作還不熟練，工作效率也不高，但她卻並沒有因此而氣餒，一直注意向身邊的每個人學習，有一次她從飯店出來後叫了一輛計程車去機場，其實她去的是機場附近的一個小社區，因為那是一個新社區，一般人不知道，所以她索性就說去機場，可是沒想到那個司機竟然說：「你是不是要去小社區啊？」

蘭蘭一下就愣了，她太吃驚了，自己並沒說啊，他怎麼會知道我要去哪裡呢？這個司機像個神探，給蘭推理說：「我剛才看見你和你朋友道別，只是象徵性地揮了揮手，看來你應該不是要出遠門，一般人要是出差，都會帶著行李箱，可是你也沒有，你手裡只拿著一本書，神情也很悠閒，不像是去接人，這麼一分析，你去機場的可能性就很小了，而那個機場的附近就那麼一個小社區，所以我猜你應該就是去那裡了。」

蘭蘭聽完這番話後非常佩服司機的職業水準，能夠這樣用心，分析的這麼透徹，他一定是一個工作非常投入的司機，果然，在接下來的聊天中，司機說自己非常愛動腦筋，這讓自己顯得更加職業化，收入也比同行們要高。

從這位司機那裡，蘭蘭學到了要對自己的工作投入和主動，才有可能掌握好它所需要的技能和知識。

但是有一些人卻不這樣想，他們總覺得向別人學習或請教就會降低自己的身分，他們把自己看得過高，覺得誰都不如自己，這樣的人，又怎麼能進步呢？尤其是剛剛踏上社會的職場新人，這個是致命的缺點。

在向身邊的人學習的過程中，不但要學習別人的成功經驗，還要學習他失敗的教訓，借鑑吸取別人的教訓，這樣可以讓自己少走很多彎路。

一位著名的足球教練曾在答記者問時說：「我跟球員總是在講，把別人的教訓當作自己的經驗，那是最聰明的球員。你自己不可能去體會那些教訓，每個人都要去體會，沒有這個時間，就不可能成為一個好球員，最聰明的球員是把別人的教訓當作自己的經驗。」

向你身邊的每個人學習，對於一名員工來說，不僅可以給人留下虛心好學的好印象，還可以使自己從中獲益，站在別人的肩膀上，才能看得更遠。

第五章　提升自己的能力

第六章
尋找你生命中的「貴人」

　　人脈關係是世界上威力最大的關係，它所產生的效果是所有投資的總和，自己走百步，不如貴人扶你走一步，只要人學會了投入之道，就能在事業上一帆風順，平步青雲。

去會會位高權重的人

　　在當今的社會，如果能認識幾個位高權重的人，對自己的事業發展是有很大好處的，經常會會位高權重的人，別對這樣的人存有忌憚之心，其實他們也是普通人，你和他們的不同也只是錢不如他們多，位置不如他們高而已。

　　世豪考上大學後來到了都市，正好他父親的一個同學也在都市工作，於是他就給同學打了電話拜託他有時間對世豪多照顧一下，同學一口答應，表示願意幫忙。

　　但世豪父親的這位同學已經是一個部門的重要主管了，世豪的父親知道後，心裡有些不安，因為對方位高權重，自己一介草民，會讓人覺得自己在攀關係，而他的那位同學卻沒有多想，沒過多久，還去學校看了世豪一次。

　　世豪還是學生，想法也非常單純，對於對方的位高權重並沒有什麼顧慮，到了週末，他買了些水果去探望父親的同學，對方對他也非常熱情，當時這位主管的女兒剛上高三，功課不好，雖然家裡也請了家教，但是還是沒有什麼起色，夫婦兩人天天為這事煩惱。世豪這天正趕上主管的女兒寫作業遇到了難題，看到世豪時，隨口問了一句，結果世豪非常熱心的進行講解，世豪上高中時成績就非常優異，最終考上了知名大學，這些高中試題對他來說根本就是小兒科，主管的女兒非常感謝他，兩人一來二去就成了好朋友，從那以

後，世豪就經常抽時間輔導主管女兒的功課，沒過多久時間，這位主管的女兒學業成績就有了很大的進步，主管夫婦非常高興，對世豪更是感激，對他就更好了，把他當成自己的兒子一樣看待，當世豪大學畢業後，這位主管就建議他留在都市工作。

對此，世豪覺得特別為難，因為他知道都市的競爭特別激烈，想留下來不是那麼容易，但是，世豪擔心的問題在這位主管眼裡卻不是什麼問題，沒過多久時間，他就安排世豪去了一家非常不錯的企業，做了一份非常不錯的工作，順利的留在了都市。

世豪的事情說明，透過位高權重的人為自己在事業上謀福利是一條非常可行的道路，誰的父母都有親戚朋友和同學同事，這些人就組成了非常強大的關係網，千萬不要小看了這個關係網，如果你把這些關係做好了，對你來說就是一個機會。其實這些人和普通人一樣，都需要正常的來往，也需要親人的關懷，你只要放下心裡的包袱，鼓起勇氣，把他們當成朋友親戚一樣對待，只要你真誠付出，就一定會有收穫的。

位高權重人的往往都有一個更加優質的人際社交圈，這個圈子裡可能都是些比他更加位高權重的人，他們之所以能有這樣的成就，和自身的努力有絕大的關係，在和他們的接觸過程中，你還能學到很多本領，對你工作上的為人處事都

是有幫助的。還可以透過認識這些人，擴大自己的交際圈，機會就會更多，現在社會上有很多這樣的事情，都是位高權重的親戚或朋友的幫助下獲得展現自己才能的機會，所以，和位高權重的人接觸，可以讓你獲得比一般人更多的機會。

機會面前人人平等，就看你能不能抓住了，這是一個非常現實的社會，和位高權重的人處好關係，將來會對你的發展大有益處，可來往中也不能為了達到目的，一味的奉承巴結，為了辦成事，給位高權重的人送禮吃飯，就變相的扭曲關係了，所以，要和位高權重的人做好關係，也要維持自己做人的原則。還要注意自己的言行舉止，不要為了一份工作就失去自己的自尊，不擇手段的巴結權貴，這樣只會讓人看不起，得不償失。

總之，不要害怕位高權貴的人，有機會的話多接近他們，記住，你們之間的距離並沒有你想像中的那麼大。

重點關心與你職位切實相關的人

職場上有一句英國諺語必須謹記：When you point a finger at someone else, remember that three fingers point back at you，意思是當你對某人指指點點時，同時也有更多的人與你作對，假如你四面樹敵，最後吃虧的還是你自己。更重要的是，公司內有些要員工你是需要加倍留意的，要重點關心與

你職位切實相關的人，因為他們在你的事業發展上往往造成非常重要的作用。

　　職場中與個人進步密切相關的人，廣義上說無非就是主管、同事、朋友、下屬和競爭對手。對這些人必須予以重點關心，並妥善處理好與他們之間的關係。

▌對主管要先尊重後磨合

　　任何一個主管（包括部門主管、專案經理、管理代表），做到這個職位上，至少都會有某些過人之處。他們在工作和待人處世方面的經驗都是值得我們學習和借鑑的，要尊重他們精彩的過往和曾經有過的傲人的成績，但是沒有一個主管是完美的，所以在工作中也沒有必要對主管完全的唯命是從，但給主管建議卻是你工作的一部分，在工作中盡量完善自己，使公司進一步改進，邁向一個新的臺階才是最重要的，想要讓主管心服口服的接受你的意見，就要給他應有的尊重，在這樣的氛圍裡進行磨合，不過，在對主管提出自己的意見時，拿出的資料計畫一定要詳細到足以說服對方的程度。

▌對同事要多理解慎支持

　　在辦公室裡和同事相處時間長了，對對方的興趣愛好和生活狀態大致都有了一個了解，大家只是同事，我們絕對沒有任何理由要求人家對自己盡忠效力，在和對方發生一些誤

第六章　尋找你生命中的「貴人」

會和爭執時，要站在對方的角度和立場為對方想一想，理解一下對方的心情和處境，不要為了一時之氣，把人家的隱私都說出來，這類背後議論和專攻人的弱點，只會讓自己的形象大大受損，從而受到別人的排斥，同時，我們對待工作要熱情，對於同事也要有選擇性的接納對方的觀點和思想，而沒有選擇性的一味支持，這只會造成你的盲從，還會有拉幫結派的嫌疑，這樣就會影響自己在公司的信任度。

▎對朋友要善交際勤聯絡

所謂樹挪死，人挪活。在現代社會競爭這麼激烈，鐵飯碗早沒有了，一個人很少有可能在同一個企業中度過一生。所以就有必要多交些朋友了，「朋友多了路好走」。所以在空閒的時候多給朋友打個電話、發個電子郵件、寫個 LINE，哪怕只是幾幾句話的問候，也會讓朋友感到溫暖的，這比叫上大夥一起吃一頓更有意義。

李小姐在一個大公司一時之間很難施展自己的才華，心情非常煩悶。他的朋友知道後，就邀請他到一家小一點的公司試一試，結果做得非常不錯，一年之內就榮升部門經理了，這就是交朋友的好處。一個電話，幾句話的問候就拉近了朋友的心，這樣親切的朋友，有好機會會不先想到你嗎？

對下屬要多幫助細聆聽

在工作和生活方面，人格上是絕對平等的，只有職位上有所差異，在下屬面前，你要知道自己只是比較資深的而已，沒有什麼值得得意的，員工的積極性發揮的越好，工作完成的越出色，也就讓你得到了更多的尊重，樹立起了更好的形象，所以幫助下屬，其實就是在幫自己，聽取下屬的意見就更能讓你清楚的了解工作的情況和下屬的工作狀態，讓你能夠更好的及時調整自己的管理方式。美國一家著名負責人曾經這樣說：「當管理者與下屬發生爭執，而主管不耐心聆聽疏導，以至於大部分下屬不聽指揮時，首先想到的是換掉部門管理者。」

向競爭對手要露齒一笑

在我們的工作生活中，到處都有競爭對手。很多人對競爭者到處防範，更有過份的，還會在背後冷不防地對你偷襲。這種做法只會把彼此間的隔閡拉大，製造緊張的氣氛，對工作一點好處也沒有。其實，在一個整體裡每個人的工作都非常重要，每個人都有他的特質。當你超越對手時，就不用再蔑視人家，而你的競爭對手也在尋求上進；當別人比你強時，你不用存心添亂找碴，因為工作是大家團結一致努力的結果，不管你的對手怎樣讓你難堪，千萬不要和他較勁，

第六章　尋找你生命中的「貴人」

要輕輕地對他微笑，先靜下心把自己手上的工作做好吧！說不定他仍在原地生氣，你早已拿出優異的成績。對競爭對手一笑，既有大度開明的寬容的風範，又有一個好心情，還擔心自己會失敗嗎？說不定你的競爭對手早在心裡向你投降了。

陳志文是公司新人，報到上班後幾乎天天遇到這樣的情況——「喂，新來的，這份資料影印 1,000 份，裝訂好，今天一定要做完！」結果，那天他直到第二天凌晨 3 點才做完；「新來的，幫忙買午餐吧，錢你先墊著，等我發薪資後還你！」他偷偷在心裡計算了一下，這個星期這個同事已經讓自己買了四次便當了，可是他的薪資是自己的兩倍啊！「這份報表是誰做的？做的是什麼嘛！」「是新來的那個。」結果，不等陳志文解釋，經理已經一頓劈頭劈臉地罵下來，其實，那份報表他根本連見都沒有見過！這就是一個辦公室「菜鳥」的慘痛經歷。

要從「菜鳥」變「老鳥」，就得重點關心與自己職位切實相關的那幫老鳥。不要因為他們老是使喚你做一些瑣碎的事而疏遠他們，你要站在他們的立場為他們想一想，這樣才能幫你擺脫這樣的處境。了解了你的團隊夥伴後，就要接觸一下部門負責人或者重要的決策者，並且每週花兩天和這些人相處。透過這些人，你就能發現怎樣和主管互動，怎樣知

道人力資源資料以及各式各樣的禁忌話題和行為。

身為職場新人，絕不能完全依賴主管來告訴你應該做些什麼，你要主動把你應該負責的工作和你完成這個工作的期限，直接告訴你的主管，這樣做的目的就是能讓他給你量身打造一個雙方都覺得合適的工作內容。雖然要求你完成一些實際工作，但是同時要提醒你，身為一個職場新人，要選擇一些可以發揮你個人才能的工作，不要為了出風頭，選擇一些連辦公室前輩都認為難以完成的工作，那樣只會讓你自己吃力又不討好。

胡士傑最近跳槽到一家規模不大的公司，畢業於名校的他年輕，肯吃苦，很快就適應了工作環境，老闆和副總都對他多少的表示了栽培之意。可是好景不常，有老員工悄悄告訴他：「你沒看出來嗎？總經理和副總經理不合，你要站在哪邊，自己看著辦吧！」一番思考後，胡士傑決定嚴守中立，「只要做好本職工作，誰能挑我的毛病？」老闆和副總都喜歡越級交代工作，雖然工作非常繁重，但他寧願自己加班，也要做到兩邊都不得罪。結果自己累得夠嗆，但兩位主管似乎並不領情。常常是他剛從總經理室走出去，就被隔壁的副總經理叫去換套說辭再罵一頓。

面對這種公司內部的派系鬥爭，一個人保持中立是非常難的。想要做到兩邊都不得罪，但最後有可能是兩邊都得罪

了。如果你所做的對得起職位、對得起自己，那就不妨堅持三「不」原則——不介意、不參與、對事不對人。一般來說，下屬對待主管要服從但不是盲從；要忠誠但不是愚忠。很多時候，主管之間的意見有差異並不是目的不一致，而是方法和手段的不同，就算是目的、手段有差異，那也要按著公司規定的程序，讓高層自己去解決他們自己的問題。

　　至於到一個公司或團隊內部，誰才是與自己職位切實相關的人呢？首先要認定具體的目標人物。

❖ **人力資源部總管**：讓你能夠洞悉公司的內部職位空缺，有了這第一手資料就可以更容易的調到自己喜歡的部門，他們還能影響你的薪資調整和職位調配。

❖ **部門的主管、助理和祕書**：在大公司工作，入職的時候所屬的部門不一定是心目中最中意的。這時你就要和有關部門的人建立關係，他們可能對你調職有幫助。另外祕書的角色有時更加重要，尤其當他／她為你安排面試的時候。

❖ **公司內的「明星」、名人**：公司內很受老闆重用的人，他們以後有可能成為公司的重要領導者，要及早和他們處好關係，對自己將來在公司的發展有好處。

❖ **公關經理**：善於宣傳的公關部人員，他們可以把你的名字帶到公司的各個部門，這樣會使你的人氣快速提升。

❖ **培訓主管**：他們對你的稱讚比普通職員更有說服力。而且他們通常都知道各部門最欠缺什麼樣的人才，當他們知道你有那些公司需要的能力時，就能幫到你了。

❖ **高級管理層**：他們是公司的最高決策人，對你的幫助非常大，但千萬不要阿諛奉承，這樣會讓人看不起。

要重點關心以上與自己職位切實相關的重要人物，並與之建立良好關係，你可以從小事幫忙開始，比如在祕書特別忙時幫她接一個電話，在內部培訓時幫員工訓練移動桌椅。當他們對你的信任感建立後，就會樂意和你來往，這是你步入成功在大門的必經之路。

30 以前靠專業賺錢，30 以後靠人脈賺錢

我們都知道，「欲先工其事，必先利其器」，比如砍柴你得有斧頭才行，而且斧頭還須鋒利，斧不利猶如無斧。做事也是這樣，你做一門行業，你要有這門行業的專業知識才行，一問三不知，莽莽撞撞就做事，那簡直是胡鬧！

從這個意義上說，專業是成就你事業成功的一把劍，而人脈就是你做成大事的關鍵，所以，要想在這個社會中立足，就要有充分的專業知識，出賣自己的聰明才智和專業技能才能得到自己想要的生活，才能生存下去。

我們知道，就算你的專業再優秀，技能再突出，待遇再

第六章　尋找你生命中的「貴人」

好，也總有那麼一個階段是會讓你力不從心的，那時你的事業很難再取得大的突破，這時你就走到了事業的瓶頸，這就說明了一個問題，只靠專業和技能是遠遠不夠的，如果這個瓶頸你不能突破的話，那麼你的事業就會就此畫上句號。

其實這個瓶頸很容易突破，只是你沒有人脈的意識，你也許能夠靠你的專業技能得到一個讓人羨慕的職位，但是如果你想擁有自己的事業，就要有自己的人脈網，如果你想做的是更大的事業，那麼你就要擁有更高端的人脈關係網，這些人脈網可以幫你突破任何事業上的阻力。

很多成功者走的都是這條路 —— 他們先是為別人打工，靠出賣自己的能力、才幹混飯吃，在混飯吃的這段時間中，他結識了很多人，結交到很多有效的人脈。然後他們開始創業，在自己的人脈的支持下做出了不平凡的事業。

這也正是目前為什麼流行起了這麼一句話 —— 30 以前靠專業賺錢，30 以後靠人脈賺錢，因為三十歲正是你人生轉折的關鍵時刻，能不能掌握好這個時間，對你的一生都會造成很大的影響。而人脈如果能夠好好利用，一定可以讓專業方面出眾的人實現四兩撥千斤的神奇效果！

曾禹旂十分信奉一個哲學：「30 歲之前你要靠專業賺錢，而 30 歲之後，你要想有所突破，你就得靠人脈賺錢，這樣你才能賺大錢。」

當他開始發展自己事業的時候，在各方面並不算特別頂尖，但是他深知：在商業競爭殘酷的殺戮戰場上，如何以自然、互利和創意的方式去經營人脈，是決定勝負的關鍵。曾禹旂無疑抓住了這一關鍵，在短短的三年裡，讓益登科技從默默無聞的無名小卒，迅速躋身為臺灣第二大 IC 通路商。

與曾禹旂相交二十多年的友人吳憲長評價他說：「在同業中或同輩中，論聰明、論能力，曾禹旂都不能算頂尖，但是他能遇到這樣的好運，八成以上的因素在於他的人脈。他很願意與別人分享，大家才會爭相以報，正是由於他善於投資人脈，以至於看起來曾禹旂就像是機會之神特別眷顧的人，而不是別人。」

你一定要讓自己明白 —— 幸運之神是從不會無緣無故地光顧任何一個人，曾禹旂便以他自身的經歷為我們做了很好的說明。當他將自己的專業做得很精通的時候，就不再過多地投資他的專業，而是將大部分的精力和時間用於人脈的構建。人脈的強大優勢，終於使他成為機會之神最願意眷顧的人！

事實就是如此，如果你的人脈願意支持你走過人生最關鍵的路，那麼就勝過了你自己多年甚至終生的努力奮鬥。所以有人這樣說，「自己走百步，不如貴人扶你走一步」，你的人脈中的任何一個朋友都有可能成為你生命中的貴人。

第六章　尋找你生命中的「貴人」

因為貴人的相助，很多在爛泥中翻騰的鹹魚級人物都搖身一變，跳出窮門，成為招人豔羨的大鳳凰！

這便是成功的奧妙所在。也許在你的一生中很多事情可遇而不可求，但是你一定要自己孜孜以求人脈上的成功。因為一旦你造就了良好的人脈，結識到你人生中非同一般的貴人，那你就好比是遇到引路的天使。這樣的天使哪怕只有一個，也足夠讓你的命運陡然一轉、扶搖上升！

一座塔，我們看過去的時候往往都會看向塔尖，因為那是我們都想要達到的高度。可是你有沒有想過，一座塔越高，需要的磚瓦就越多，對它的根基要求就越嚴格。

這說明了一個什麼道理呢？它說明，一個高度是需要很多東西支撐的。這就像我們的人生和事業一樣，你要達到人生的最高峰成為頂尖的人物，那麼你就必須要有很多事物作為支撐，這個支撐體便是人脈！

關於人脈投資的現實意義，在好萊塢有一句很盛行的話可謂一針見血：「成功不在於你知道什麼或做什麼，而在於你認識誰。」當然，這句話有其片面性，但是卻從某種程度上說明了人脈投資的重要。身為一個生存在現實社會中的人，我們不能不讓自己正視到這一點。

美國老牌影星柯克・道格拉斯（Kirk Douglas）年輕時十分落魄，由於沒有工作，他常常流離失所，朝不保夕。可

是有一回，他在火車上遇到一位很有氣質的女士，就主動與之攀談了幾句。沒想到就這麼幾句話，他的人生迎來了一個機運。

那次談話沒過幾天，他就被邀請至一家製片廠報到。原來與他攀談的那位女士，真的不是尋常人物 —— 她是當時的一個知名製片人！她看出了柯克·道格拉斯落魄的外表下潛藏著的表演天賦，於是就給他一次機會，想不到柯克·道格拉斯竟然一鳴驚人！

這個故事說明了一個什麼道理呢？人脈！人脈！還是人脈！就算你有再大的才華，再高的志氣，你還是得有人脈。你要認識這樣一個人：他可以給你提供一個讓你展現自己才華的舞臺，可以讓你的才華被別人看到。假如你當真是一個有真才實學的人，你就可以抓住這個機會平步青雲，徹底折服眾人。

對於那些決心成為某個行業或某一領域頂尖人物的人來說，一定要對這一點有清醒的了解。你越是想頂尖，越想成功，就越需要挖掘人脈中潛藏的巨大力量。如果你能夠將人脈之神力據為己用，前進途中的困難就都算不得困難了。

打個比方來說吧，人脈就像雨雪一樣，可能你平時並不能切實感觸到它的好處，可是一旦碰到大旱的災害，那麼這場及時雨就足以救你的命。所以，如果你有志於成為一個不

第六章　尋找你生命中的「貴人」

同凡響的人，如果你渴望將人生的動靜弄得再大些，那麼你就不能輕視任何一場「雨」，哪怕是一陣再小的「雨」。

事實證明，得人脈者得天下。很多人，他們從事的行業雖然很普通，但是他們注重人脈，於是獲得了事業的成功。可以這麼說，他們根本不是在簡單的做行業，而是在做人脈。

陳星瑋是某市一家餐廳的老闆，雖然他的餐廳在當地只是處於起步階段，但是卻已經成長為當地發展最快、最具規模的餐飲企業。很多同行都在想，他是不是具有做生意的天人才賦？再要不就是他有著絕對強硬的後臺！

可是陳星瑋對這樣的說法絲毫不以為然，他說：「這些通通不是最重要的原因。事實上，我不比其他人厲害，我只是有比別人好得多的人脈關係。在做餐飲前，我就很經常和餐飲業相關的人員打交道，等到我開始做餐飲的時候，這些人就是我的好朋友了。在他們的幫助下，我的生意做得非常不錯了。此後，我繼續擴大交際圈，這些朋友有捧場的、幫忙的、解決難題的，他們都給了我很大的幫助，沒有他們，我一個人是不可能把事業做成現在這麼成功的。」

和社會背景人脈網絡大的接觸

有一句話是這樣說的：「你與總統之間只隔著三個人。」

我們一聽這話都明白是什麼意思 —— 就算你不認識總統，你的朋友、你的朋友的朋友，或者再朋友的朋友，總有一個人能跟總統扯上關係吧？如此一來，你總能找到辦法跟總統半空中拉上關係。

可是大多數人或許會說：找遍我的朋友，我並沒有發現哪個人認識總統！要想借助總統的力量做成點什麼事情，那更是無稽之談！

相信這也是多數人心中都有的疑問。那麼，我要問你一個現實的問題 —— 與你結交的都是些什麼人呢？

我想，找遍你的朋友，可能你都找不出這樣的一個人：他是好好先生，他是交際達人，他交友遍天下，他關係密如蜘蛛網，不管到了哪裡，都會大受歡迎。這是什麼樣的一個人呢？概括地說，他就是那種背後社會人脈關係廣泛的人。他有著層層的關係網絡，因此無論做什麼事，他都能易如反掌，舉重若輕。

這種人正是我們急需結識的，一旦你認識了這樣的一個「知名人物」，並且跟他相處很好，那麼他的朋友便是你的朋友，他的關係便是你的關係，他的人脈網絡也可以成長為你的人脈網絡。從這個角度來講，這種人是人脈中最有價值的

一種人。而這種人，也正是我們千方百計要結交的人。

當然了，這種社會人脈關係廣泛的人，一般都是有身分有地位的人，與之相識談何容易？這簡直無異於「攀龍附鳳」、「雞犬升天」。但是反過來說，困難嘛，總是有的，有沒有真正的能耐這才是個關鍵！有很多人總是能夠成功的「攀龍附鳳」，結交到那些社會人脈關係廣泛的人，然後他們真的「雞犬升天」，成為天人一般的大人物。

林宗達就是這樣一個從幼稚無知的大學生，「雞犬升天」跨入成功者行列的。

當林宗達還是剛畢業的大學生時，就來到都市闖蕩。年幼的他跟很多初來都市的年輕孩子一樣，滿心幻想但又總是無處下手。但是在一次偶然的機會中，他結識了某外資銀行副總裁陳先生，這是他在都市創業的成功開始。

原來，林宗達在都市租的房子是陳太太的，而陳太太又正好是林宗達的同鄉。林宗達和陳太太都是非常健談的人，一來一往的就慢慢熟識了。談論的話題也越來越隨意了，從人生到事業，小到生活中的一些小細節。透過他們深入的交談，林宗達慢慢得到了陳太太的賞識。再經過陳太太的推薦和美言，陳先生也表現出了對林宗達的賞識。所以當後來林宗達說到自己對未來事業的期許和打算，想要創業但是資金非常困難的時候，陳先生很快為他籌集了一大筆資金，從而

使他的創業如魚得水，一舉成功。

正是透過結交社會人脈網絡廣泛的陳太太，林宗達一個剛剛畢業的大學生才能和身為外資銀行副總裁的陳先生認識，並從此鹹魚翻身，縮短了自己的創業之路。雖然這只是一種巧合，但這個巧合卻撐起了他人生的重大事業，這不能不讓人驚嘆：一個社會人脈網絡廣泛的人力量是多麼驚人！

結交社會人脈關係廣泛的人，其實很多時候是借助社會交際的交叉性。在現實生活中，我們每個人擁有的交際資源都是有限的，你可以人際社交中的花費的時間、經歷、金錢等等資源也是有限的，那麼如何才能最決最有效地結識到盡量多的高素質朋友，營造更廣闊、更有價值的社會交際網呢？答案就是和那些背後社會人脈網絡廣泛的人來往，這將是你最明智的做法。這種方法可以使你在較短時間內快速擴充你的社會資本，最大程度地增加你人生博弈的籌碼。

結交到這種社會人脈關係廣泛的人，將是我們社會交際的一個目標。唯有多認識這樣的人，才能對我們的事業推波助瀾，產生積極恆遠的影響，從而讓我們不再走彎路，直入捷徑！

第六章　尋找你生命中的「貴人」

增加自己曝光率，讓更多的貴人認識你

《紅樓夢》裡的劉姥姥是一個聰明人物。她一進榮國府，不僅拿回二十兩銀子外加一吊錢的援助，使這個莊戶人家度過了難關，還打通環節，使賈府認下了這門親戚，如此便與赫赫有名的金陵大戶建立了關係。

正因如此，後人都覺得劉姥姥是一位具有非凡公關才能的老太太。

今天，我們與貴人打交道，目的可不像劉姥姥那樣單純。我們的目的還有很多，最主要的目的是為了上進。因為與之相交，便等於攀龍附鳳，掌握了很多事業成功的先機。人常說，「人往高處走，水往低處流」，常與這些明顯高出自己的人群來往，自己必然能夠在短時間內大大提升。

與之來往，還能使自己時刻保持有一種動力，向著更好、更卓越的方向奮進。即使我們無法在成功的浪尖上舞蹈，也至少可以在成功的附近徘徊，再假藉外在條件的相助，成功也便只是咫尺之間的事情。

相信這個道理大家也都心知肚明了，我們現在要解決的就是如何讓貴人了解自己？我們總不能待在自己的象牙塔裡一直傻傻地等待吧？這樣的守株待兔估計到老死的那一天，也不會有貴人主動找上門來的。在如今現實的社會，我們如

果有才華，就一定要讓其呈現耀眼的光華。這樣，更多有素質量的貴人才能看到你。可是，怎樣才能讓他們看到你呢？最關鍵的一步就是增加自己曝光的管道。

有一位企業家是這樣做的：他每次出差的時候，都選擇飛機的頭等艙，並不是因為他是有錢人所以才選擇頭等艙的，而是他另有目的。因為搭乘頭等艙的可以說都是一流人士，而且頭等艙是一個封閉的空間，沒有電話和其他雜事的干擾。這時，他就會看準機會跟那些一流人士好好地聊上一番。只要他自己足夠聰明，而那些高雅人士也不反感，他就完全可以大談特談，一談數個小時。透過這種方法他在飛機上認識了不少頂尖人物。

後來，這些頂尖人物為他的事業提供不少的幫助，他的生意蒸蒸日上、有聲有色，他本人也真正成為一流人物，為許多人羨慕。

從這裡你看到了什麼？不錯，就是人脈投資的威力！更聰明的是，這個企業家不是一般的投資，他的方法是如此地巧妙讓我們不得不細細領悟和學習。事實上，只要我們跟他一樣學會曝光自己，找到一個合適的管道認識一些神人，我們就一定能成就自己的事業，從而成為這些大人物的「座上客」。

下面這些增加自己曝光率的方法我們大可以身為借鑑：

第六章　尋找你生命中的「貴人」

❖ **讓你的資料經常出現在名流人士常讀的雜誌週刊上**：經常讓你的形象、你的產品等一切能跟你產生連繫的資料出現在名流人士常閱讀的雜誌和週刊上。這樣能極大程度上擴大你的知名度，讓名流人士們知道你這麼個人，並且產生熟悉的感覺。下次一見到你本人，就會立即意識到是你，這可概括為「未見其人，先知其名」。

❖ **名片做得個性點，有引力點**：身為社會人士，少不了製作自己的個人名片，你的個人名片一定要做得足夠個性，足夠魅力。這樣，那些名流人士才有可能對你遞上來的名片多看一眼，只要他能對你的名片多看一眼，你就可能多了一次機會。

❖ **參加相關的社團組織**：很多名流人士都有參加社團組織的癖好，如果你不討厭而且還有一點興趣的話，不妨加入其中。與之同在一個社團組織，這會無形中拉深你們之間的關係，讓他多出很多對你的親切感，這樣接觸起來就容易得多了。

❖ **多參加名流人士的座談會和演講會**：社會名流都會喜歡定期的參加一些座談會或是演講會，如果你有時間的話，可以多去聽聽，多學習一下，學習他們的生意經，增加對他們的了解，這樣你才能知道從哪裡入手，和他們開始來往的第一步。

❖ **商展會場是不可不去的地方**：各種商展往往是社會名流極其看重的地方，透過這些展覽，你可能會遇到很多名流人物。如果發現與之具有共同的愛好和相同之處，就更是再好不過，心照不宣的感應，勝過再多刻意的安排。所以，一定要珍惜這些不可多得的機會。

和主管要和睦相處

權威機構的調查數據顯示：近 2/3 的員工提到與老闆相處的問題就頭痛；超過八成職業人不知道如何去和老闆相處。有些員工對老闆有一種心理上的畏懼感，在老闆面前手足無措，一舉一動都覺得不自然。很多員工為此感到非常的苦惱：不怕工作，不怕加班，就怕與老闆相處。

其實，和老闆相處好並不是一件非常複雜的事情。只要你能掌握好與老闆相處的原則、方式與尺度，並在自己的工作實際中加以靈活運用，這樣，就能夠消除不必要的誤會和隔閡，從而增進與老闆之間的了解，加強上下級的團結，最終贏得老闆對自己的支持，工作起來自然就會輕鬆愉快。

身為員工，與老闆有一個良好的關係，這是非常重要的，因為，老闆的位置決定了他的重要。老闆負責指導員工的工作，對員工的工作情況做出評價，並直接關係到員工的未來和事業發展。尤其是在規模不大的企業裡，老闆與員工

可以說是朝夕相處，如果不能與老闆和睦相處，要想在工作上有美好的前景，是不可能的事情。

身為員工，都可能會有被老闆批評的時候，關鍵是對此要有正確的認知和一個良好的心態。

對於老闆的批評，首先要正確對待，認真的聽取，在聽取老闆批評的過程中一定要平心靜氣，注意和老闆相處的禮節。老闆對自己的批評，是對自己工作和人生的負責，儘管有時批評的語氣、態度、分寸不一定考慮你的承受能力，或有偏頗和出入，但你要知道，老闆的出發點是好的，是為了能讓你把工作做得更好。如果是你自己的失誤，就應該平靜、坦率地認錯，不要當場立刻為自己辯解，更不要覺得自己受了委屈而發牢騷和埋怨。

另外，要設身處地地為老闆想一想，就會知道不管哪個企業的老闆都會對自己的員工負責，員工出了問題，工作中出現失誤，老闆也是難辭其咎的。所以，老闆對員工的高標準、嚴格要求，員工應該給予充分地體諒。

老闆之所以會批評員工，就是因為他認為你有需要他批評的地方。老闆批評的內容中也多半透露著他的本意和大量的實務知識，員工不要在乎一些沒有實際意義的東西，你真正要關心的，是從批評中學到了什麼，有什麼有益的收穫。

如果你因為在眾人面前被老闆批評而感到非常沒有面

子，進而怨恨老闆，那是非常不正確的做法。這時，你應該換個正確的角度來想，你要懂得他是在培養自己、教育自己，因為，在任何企業中，最沒有前途的人，就是被老闆忽視的人。

與老闆相處時，還應該注意基本的禮貌和禮節。在老闆面前，要做到不卑不亢，行為舉止適度而得體。遇到自己的老闆，千萬不要極力迴避，應該禮貌地走上前問聲好，這不僅能把握時機地展示自己大方與自信的形象，還會增加自己的一些發展機會。

工作中講究的是「公事公辦」，要注意一定的分寸。就算和老闆私人關係再好，在工作場合也不要表現得過度「隨意」。有的員工認為自己和老闆平時關係極好，就會故意在工作場合與老闆勾肩搭背或直呼其名，這些其實都是非常不好的舉動。團隊畢竟是一個有著上下級界限的組織機構，這很容易讓別人懷疑到你的工作能力，認為你是靠著與老闆的關係吃飯。

雖然，要贏得老闆的賞識，靠的還是你的工作表現。但是，如果不能夠和老闆進行和睦的相處，那麼就算你真是才高八斗，那也只能落個「壯志未酬」的結果。

「自由溝通，精彩無限。」如果員工能夠掌握好與老闆相處的方法，與老闆進行良好的溝通和交流，並能注意一個

適當地尺度和界限，那麼，你的職場生涯的發展前景自然就「精彩無限」了！

　　所以說，員工個人的事業發展是離不開老闆的。如果你能夠多替老闆著想，與老闆和睦相處，那麼，在你未來的事業發展上，也會有所成就。因此，員工與老闆的關係，絕不是天生的冤家或仇敵，而應該是和睦相處的，是共同創造利益並使雙方都獲得成功的合作者，只有老闆與員工和睦地相處，才能構建一個穩步而快速發展的企業。

結交「貴人」的注意事項

　　一個人即使有上天入地的本領，也一樣萬萬離不了社會關係。

　　一個人要是遠離了他的朋友，遠離了他認識的所有人，就好比一臺電風扇被切斷了電源，他的人生便會從此停轉。在他認識的人中，最好有幾個關鍵人物，這就像電源中的主動力一般。很多成功人士都認知到了這一點；所以他們的精明之處就在於他們將大部分時間和精力都用於那麼幾個關鍵人物的結交上。

　　其實，他們這樣做的原因很簡單。一個人的人脈雖然眾多，但是歸根到底，真正可以幫你做成大事的，可能就只有一兩個人而已，那麼這一兩個人就是你的人脈的關鍵人物，

也就是所謂的貴人。這些大貴人們往往都是神通廣大，無所不能，很多看起來根本無法完成的大事就是在他們的指點和幫助下做成的。所以，如果你想做成大事，最終還是要靠這些貴人們，所以，你一定要與這些貴人處理好關係，與之結交萬萬不可疏忽大意。

如果你能跟他們結交好，自然好處多多，但是一定要掌握分寸，否則過猶不及。一旦與這些大人物鬧起了矛盾，失去了一些機會和資源也就罷了，萬一這些才可通天的大人物跟你對做起來，那你可真要吃不了兜著走了，也許你這輩子都要跟成功揮手說 Bye bye 了。

所以，與這些貴人們相處，你一定要注意四種基本事項：

❖ **一定要對他的底細瞭如指掌**：《孫子兵法》中說，知己知彼，方能百戰百勝。你想和一個可能日後對你的事業有重大影響的關鍵人物來往，之前一定要把他的情況都掌握清楚了，包括他的身分，地位，特長和愛好等，當然還包括他的親人，朋友等親近的人，對這些了解的深入點，更能方便你找出和他接近的切入點。

❖ **以情理動之，切不可生拉硬套**：我們身為普通人物初次與大人物相交，很有可能會遭到人家的直言拒絕。這時，絕對不能氣餒，也不要生拉硬套的強行或單方的和

他保持連繫。這樣做只會加重他心中對我們的反感，這時我們應該想方設法的以情理動之，而不是用「武力」解決問題。比如：你可以想一想，為什麼人家會拒絕跟自己來往呢？一般情況下，都是因為大人物覺得跟我們來往，不會帶給他什麼利益或好處。相反，你卻會帶給他麻煩和更多的麻煩。明白了這一點，你在和他來往時，就要透露出這樣一些資訊：那就是自己可以滿足對方的某些需要，與自己結交是有好處的，而自己也不會給他帶來什麼麻煩。這樣堅持不懈的努力，久而久之，定能打動對方的心。

❖ **說話、做事要注意場合**：和大人物說話或是在有大人物在場的時候發表自己的議論，要注意說話的場合，什麼場合說什麼話，做什麼事，你要做到心裡有譜。有些場合，不便暴露大人物的身分或其他資訊，你就要閉緊嘴巴，隻字不出。還有細節問題你一定要注意，千萬不要在小問題上出現紕漏，令其心生厭煩，在這種小事情上栽跟斗，你一定會後悔不已的。

❖ **莫用「蠻力」，要用「巧力」**：身為一個大人物，一定會有很多人想和他交朋友，對於你來說，就遇到了很多競爭對手，如何打敗競爭對手，贏得關鍵人物的青睞呢？這時你完全可以耍一些小陰謀，奪得對方的「芳心」。

這樣的小陰謀可謂五花八門，比如一張設計得相當精緻的生日賀卡，一封情真意切的問候信……總之「黑貓白貓都好，能抓得住老鼠的就是好貓」。只要你下了功夫用了心，一定會有回報的。

人脈投資是一種長期的投資，一定要知道怎樣在忙碌的生活中抽出時間來關心一下你的朋友。不然長久下去，你的身邊只能就什麼人也沒有了。

我們無論如何不能怠慢人脈。然而，即使了解了人脈的重要性，我們也是急不得的。我們在平時就必須要讓為自己的人脈添柴加炭，微火慢燉，只有這樣你的人脈才會成熟起來，朋友才會紛至沓來，成為你取之不盡用之不竭的「搖錢樹」。這時你的人脈的報酬率將是驚人的。

在投資人脈時，絕不能只侷限在本領域、本專業，有這樣幾種人是平時必須和他們相交相通、時時聯絡的。哪怕你再忙、再緊張、再不喜歡交際應對，也得讓自己騰出精力和時間，將這幾種力量納入手中。

▌關鍵時刻能為你提供票據的人

一個你正在求助的人或者你人脈中的某個重要人物，突然提起他特別想觀看某場重要比賽，可是票卻賣完了，問過所有的票務公司都說沒票可售了。

此刻，你當急人之所急，況且你正有事相求呢，就算沒事相求，這也是你做人情的大好機會呀。如果此刻你能大拍胸脯：「沒問題，這件事包在我身上了！」你的朋友一定大為高興。

但是這句話可不是空口就能說出來的，你首先得認識人呀。如果你正好認識票務公司的人，而且弄幾張票對他來講只是小意思，那你真是太幸運了，你的這個人情算是做到了。然而，你首先得認識那麼幾個能為你提供門票類票據的人呀，認識幾個這方面的朋友，關鍵時刻才能胸有成竹，事事不懼。

▌銀行內部的工作人員

在以經濟發展為主導的社會，銀行的作用就越來越重要了，你的薪資發放，投資理財，稅款繳納和獎金福利等等，都有可能和銀行扯上關係。所以，認識幾個在銀行內部工作的人是非常必要的，這樣當你的資金出現問題時，你就知道應該向誰諮詢，應該向誰求助了。

▌獵頭公司的人雖然很討厭，但不妨認識一下

也許你經常會接到獵頭公司的電話，而且頻繁的讓你非常厭煩，這時也不要冷言冷語的立刻拒絕，可以和他們隨便聊聊，記一下連繫方式。要知道，你現在不需要，不表示你

永遠都不需要，如果有一天你不幸落馬了，那麼這些獵頭公司就能派上用場了，永遠都要記住這條真理：在口渴前挖井，什麼時候都是正確的選擇。

旅行社要多與之打交道

身在職場，誰還少得了出幾次差呀？出差你就離不了遠行工具，你可能需要搭乘飛機。同一架飛機，10 名旅客就可能會有 10 種不同的價格。假如你認識旅行社裡的人，可能你的機票價格會是這 10 種價格中較為低廉的。一張 500 美元的機票，別人花了 600 才能買到，你僅花了 300 美元就買到了，是不是很得意？這就得益於你認識的這個旅行社裡的朋友。

當地的警務人員你避無可避

可能你見了警務人員，心裡會突然地感到害怕。其實，只要你沒有違法亂紀，完全沒有必要。要知道，警務人員的作用那可大了，比如家庭安全，比如突遇盜竊等等事端，都會有警務人員的涉入。所以，跟幾個警察打好關係對你來說只有好處，沒有壞處。

名人盡量多結交

人都知道，大樹底下好乘涼，那麼，就請盡量多的去認識那些名人吧。可能你會想他們怎麼會願意紆尊降貴的來和

我們這些普通人來結交呢？其實，你要知道，高處之人往往不勝其寒，很多名人其實比你想像的要容易接近得多。

　　這其中的關鍵還是你要多動腦子，想方設法的去和他們接近，用你獨有的魅力去吸引他們的關心。另外你還可以用一些小技巧，比如你可以專門去訪問那些名人常光顧的律師、醫生、會計師等等；或是他們常去的餐廳、舞會、展覽會等等，創造和這些名人相遇相知相識的機會。

▎多向金融和理財專家請教一番

　　金融和理財，兩個看起來高深的詞語，現在卻和每個人都扯上了關係，其實我們平時都有很多這方面的事務需要處理。可惜，並不是我們所有人都能成為這兩方面的專家，這時，我們就可以請教這些專家，向他們請教科學的方法來引導我們的生活和事業。

▎律師

　　我們不得不承認，現實的社會是複雜多變的，很簡單的問題也許有太多的因素也變得非常複雜，讓人費解，甚至有人抱怨，就算是兩袖清清地走在大街上都有可能災禍上身。此刻，最明智的選擇就是採取法律手段來解決，這時你就和律師打上交道了。

　　律師一般都精通法律，他知道法律知識和技巧，有律師

的幫助，你的麻煩就會省掉很多。如果你有一個兩個律師朋友，那麼你更是能夠化繁為簡，逢凶化吉。

▌維修人員

日常生活中的麻煩太多了，家裡的鎖鏽得打不開，下水道堵塞了，半舊的汽車突然罷工了……諸如此類的麻煩實在讓人心情糟透了。這時，如果你有一個精通維修的朋友，一個電話過去，他就會在最短的時間內幫你把這些麻煩事解決得徹徹底底，而你需要付出的費用也要比在外邊找的維修人員合理多了，有這樣的朋友，真的會讓人心情很好。

▌媒體工作者

你的公司新研發了一種產品時就少不了宣傳。這就自然而然的要和媒體工作者打交道。所以，不管從群體的利益出發，還是從個人的利益出發，也不管你對媒體工作者有什麼樣的態度，與他們之間的關係你還是要處理好的。

媒體往往就有這樣的作用，它能使你緋聞纏身，也能讓你在短短幾天內人氣大漲，如果你處理得好，媒體就是你最好的宣傳助手。

不管你屬於哪個領域、哪個專業，都很有必要結識上面這十種人，讓他們作為我們急需時的「備份」。他們就像我們平時出行必須用到的交通工具一樣，沒有他們我們也許最

基本的事情都不能完成。這幾種人看上去非常平常，作用也不是很突出，但是如果運用和好、安排的合理，他們就能發揮出事半功倍的效果。你自己說，他們是不是你的貴人？

關心人脈投資的成長性

　　人脈是有成長性的，有的人脈雖然現在看來毫不顯眼、平平凡凡，但人家也有可能一朝發達、攀龍附鳳，成了「風雲人物」，這種事情也是司空見慣的。所以，發展人脈，你要懂得放長線釣大魚，長久累積方能打造出自己的一份與眾不同的人脈。

　　下面讓我們來看一個故事，或許你會有所啟發。

　　某中小企業的董事長長期承包一些大電器公司的工程，一般人的做法是只對這些公司的重要人物施以恩惠。然而，這位董事長卻不走尋常路，他不僅「奉承」公司要人，對一些有潛力的年輕職員也殷勤款待。

　　當然，對這些年輕職員他並非無的放矢。事前，他便想方設法將電器公司中各員工的學歷、人際關係、工作能力和業績，作一次全面的調查和了解。當他們認為這個人大有可為會成為該公司的要員時，不管他有多年輕，都盡心款待，恩惠並施。

　　所以，當你看中的一個年輕的職員升為處長時，你跑去

慶賀，送人家賀禮，同時還邀請人家到高級的飯店用餐，年輕的處長沒有去過這種場所，所以對你的款待非常感動，心想，自己從沒給過什麼好處，並且也沒有掌握什麼重大的決策權，這個人真是一個大好人，在無形中，這個年輕的處長就自然對你有了一種感恩圖報的意識。

就在他受寵若驚時，這個董事長卻說：「我們公司能有今天，完全是因為你們公司的抬舉，所以我向你這位優秀的職員表示敬意和謝意，這是我應該做的。」他這麼說，就是為了不讓這個處長有什麼心理負擔。

當有一天這個處長晉升的更高官職時，一定還記著這位董事長的恩德，所以在生意競爭激烈時，很多承包商都倒閉或破產了，而這位董事長的公司卻仍然生意興隆，這個原因就是他平時投資人脈的結果。

這位董事長考慮的是以後的更大利益。

這位董事長不是一個簡單人物，他居然會預測到十個欠他人情債的人當中，最起碼有九個會給他帶來意想不到的收益，別看他現在做的是「虧本」生意，若干年甚至數個月後，他的本錢就一筆接一筆地收回來！

縱觀這位董事長的「放長線」手腕，確有他的一番智慧。這就說明了一個道理，求人交朋友要有遠見，不能做臨時抱佛腳的事情。如果只關心眼前利益，不僅你自己會感覺

第六章　尋找你生命中的「貴人」

越來越沒底，而且最後很有可能會得不償失。

有目標的長期感情投資，這樣累積起來的人脈最是對自己的人生「大補」，所以，要放長線釣大魚，慧眼識英雄，才會不讓自己的心血枉費在那些庸才身上。

交友時還必須要練就出一雙慧眼，這樣知人善交，並且長期地培養感情，才能使自己的人脈不斷的穩固和增加。如果不加選擇地隨意交友，也許最後不能助自己一臂之力，反而拖自己的後腿，給自己製造麻煩。這樣的損友萬萬不可深交。

想要你的成功路上多貴人，那麼請將你的目光放遠點。不因小利而為之，應以長利而之。如果你與朋友發生了不愉快，你應該首先諒解他。「小不忍則亂大謀」，這是古訓，在這方古人也做過榜樣，比如韓信能受胯下之辱，張良能為老者拾履。只有平時把基礎功夫做好了，量的累積才能提升，你對別人好，別人才會對你好，才會在關鍵時刻幫你一把。

這樣看來，長遠的人脈投資實際上完全包含在平時的為人處事之中。臨時抱佛腳，雖然偶爾奏效，但是在累積人脈的時候是沒有什麼用途的。發展人脈靠的是長期的真心和付出，萬萬不可短視，長遠的目光才有助於你長久的人脈和長久的錢脈！

第七章
巧妙應對職場中的意外

　　身在職場，不可能遇不到意外，當成對這些意外時，要像不倒翁一樣，屢敗屢戰，而且要屹立不倒，找到職場中應對意外的方法，根據實際的情況，靈活運用，這樣就可以在職場中無往不利了。

主管發火巧妙應對

可能每個職場人都曾遇到過主管發火，因為人在遇到不如意的事情時會很容易發火，而且身為主管，他們也有這個權利對下屬發火，這時，如果你處理不當就會影響到你和主管的關係甚至自己的前程，所以，處理這類事情要加倍謹慎。

主管發火的時候，千萬不要往槍口上撞，要想辦法讓主管的火氣先發出來，等到他的火氣小一點了，甚至氣消了，再做解釋，有時可以當場做出行動，只要掌握以下幾點，就能順利的度過危機，很好的解決問題。

先讓主管把火氣發出來

雖然主管發火的理由不一定充分，觀點也不一定正確，但他卻有權利對你發火，而且人的火氣越壓越大，我們平時的日常生活中就知道了，滅火要用水，而不能用風，這就告訴我們，在主管發火時就要像水滅火一樣，以靜制動，以柔克剛，所以，主管發火時，最好的辦法就是洗耳恭聽，如果主管說的正確，那麼你就從心裡接受，如果他說錯了，就在事後再找機會說明，這比馬上辯解要高明多了，那樣只會造成火上澆油的效果，主管正在氣頭上，最容易受情緒的支配，基本上是不會冷靜的分析你的意見是對是錯的，還有可能一氣之下做出讓你追悔莫及的事來，所以，你要知道，在

主管怒火滿腔時千萬不要去硬碰硬，否則只會適得其反。

而且，火氣壓在心裡，對身體健康也不好，或許你用某種妙法使主管壓住了火氣，他可能會在別的地方爆發，說不定火氣比上一次還大，這樣就更不利於解決問題了，所以，對主管和你都有利的好辦法，就是心甘情願的當主管的出氣筒。

▌事後作解釋

當你受到主管的訓斥後，總是希望能給自己解釋幾句，但在主管氣頭上時，解釋的話一點用也沒有，可以在主管發完火，氣消了時再找個時間跟他說，而且，最好隔個一兩天，這樣主管的火氣徹底消散了，就會反省自己的態度了，因為一般人發完火後都會有些後悔自己的衝動，如果你做錯事了，被主管訓斥後，一定要做一個深刻的檢討和表明自己的決心，這說明你把主管的話都聽到心裡去了，有了下決心要改正錯誤的舉動，這時，主管就會說自己態度不好之類的話，這樣，他不但不會對你苛求，還會為自己態度不好，更對你較之前更加平和大度。

如果主管對你的訓斥是錯的，那麼你更該解釋清楚，但是解釋清楚也是要講究策略的，要先承認自己的一點錯誤，因為你得給主管一個臺階下，不然的話，就等於是說主管對你的訓斥是毫無道理的，這會讓主管心裡對你的話不認同，那麼你再跟他解釋什麼，他可能都聽不下去了，另外，這樣

做也能讓主管有一種尊嚴，否則他會做出不利你的事情來獲取自己的尊嚴，然後再向主管解釋事情的原委。

▎用事實說話

主管發火時，有時你也不能完全一言不發，需要解決問題時，最好的辦法就是拿事實說話。

如果你的工作出現了失誤，主管發火時，你要積極的行動，盡力彌補過失，這能讓主管覺得他的話立刻就起了作用，這是給他最好的去火良方。

如果你受了冤枉，而且有證據可以證明自己是對的，那麼你可以堅持一下，用事實來給自己解釋，但態度一定要端正，語言要簡潔。

處理主管的冷落

身在職場，不可能永遠處於頂峰，總會有失意的時候，關鍵在於你的態度和對策，抱怨和消沉都是沒有用的，當你受到主管冷落時，你會怎麼做？在這裡給你提供幾種策略：

▎保持積極向上的心態

大家都知道，IQ 是智商，EQ 是情商，一個人的成功，智商並不是最重要的，而情商卻往往在人的成功與否上有著關鍵作用。而人的心理就屬於情商的範圍，大多數事業有成

的人都是自我調節心態的高手，就算是在多麼惡劣的環境下也能把持自我，保持住自己內心的平衡。

既然已經受到主管的冷落了，那麼最高明的辦法就是要坦然的接受它，並努力讓自己的心態平和，不僅使自己不被傷害，還能讓自己的精神變得更加無堅不催，永遠不會被擊垮。

在《曾國藩·野焚卷》一書中記載了曾國藩第二次回家奔喪時的處境，這時應該算是曾國藩人生的最低谷了。

「江南大營在源源不斷的銀子的鼓勵下，打了幾場勝仗，形勢對清廷有利。咸豐帝便順手推舟，開了他（註：是指曾國藩）的兵部侍郎缺，命他在籍守制。曾國藩見到這道上諭後，冷得心裡打顫，隱隱覺得自己好比一個棄婦似的，孤零零、冷冰冰」。

曾國藩因此經常身體不舒服，心情也很不好，但是後來經由一位道人指點，開始重新研讀《道德經》、《南華經》，終於大徹大悟，從此後，他也從苦惱中解脫出來，身心都好轉了。

後來，曾國藩又獲得了出山的機會，他的身心都大不一樣了，事業也是蒸蒸日上，終於青史留名。

曾國藩的事蹟告訴我們，調整心態多麼重要，它絕不是一時的權宜之計，而是你成功路上不可缺少的修行，失意會讓你變得更加堅強，而這種堅強對一個人的事業成功來說非常重要。

▌成長自己的才能，為公司將來的重用做準備

一時受到主管的冷落，並不代表你的一輩子都失去發展的機會，所以，你要為了迎接新的機遇而做好充分的準備，而最好的準備就是充實自己，讓自己變得更加有才幹。

有的時候，你不能受到老闆重用的原因就是因為你的工作能力不受老闆常識，不能勝任主管分配的工作，這時，你就更得給自己好好充充電了，讓自己從沉重的工作中解脫出來，去考個研究生，或是去考一項職稱，只要你不絕望，對自己充滿信心，就會收穫更多東西。

美國前總統尼克森曾經兩次競選失敗，但他並沒有就此灰心失望，而是認真的總了自己寶貴的經驗，並積極的開展各種政治來往活動，終於當上了總統，另一位美國的前總統這樣評價他說：「美國歷史上沒有一個人為了履行總統職責，曾做過這樣的準備。」

▌盡量和主管增加接觸的機會，讓老闆看到自己的才華

主管冷落一個下屬，是因為有許多的時候，主管冷落某一位下屬，是因為他不太了解這個人，不能深入地知道下屬的才幹，或者對下屬的忠誠沒有把握。因此，在你尚未得到重視之前，是很難得到主管的重用的。很多時候，這就是下屬被上級冷落的一個原因。

　　屬於這種情況的，下屬就應該採取主動措施加強與主管的溝通和接觸，或者注意提升自己的知名度，有意識地去尋找與主管交流的機會，如請教一個問題，提出一個建議，與主管聊天……同時，你不妨在某一領域，如跳舞、書法、寫作一顯身手，從而引起主管的注意。甚至你可以透過增加在主管面前出現的頻率來增加他對你的印象和興趣，從而為交流奠定某種心理基礎。

▌使自己變得重要

　　當你確實有能力，卻又得不到青睞時，怎麼辦？在目前這種競爭激烈的環境下，對有些人來說，等待的代價似乎太大了。此時，你不妨開動一下腦筋，運用智慧和技巧，藉以提升自己的重要性，使主管不敢或不能忽視你。

　　當然，如何用謀、採取何種技巧必須因時因勢而定，這取決於你的人際關係的力量、你的能力與特長以及你所遇到的機遇，這裡並不存在一成不變的模式。

　　在現代社會中，「酒香不怕巷子深」的時代早已過去，下屬必須學會推銷自己的技巧，使自己的重要價值被主管重視，從而使自己走出事業的低谷，獲得主管的青睞與賞識，在人生盛年做出一番成就來。

巧妙化解主管的嫉妒

嫉妒是人的天性，當握有權力的主管對你產生嫉妒時，你一定會大吃苦頭，為此付出代價，所以，下屬受到主管的嫉妒時一定要想辦法解決，你的方法或許不能完全澆滅主管心中的妒火，但也能造成降低妒火的作用，從而使你安心工作，面對主管的嫉妒，可以採用以下幾種方法：

以德抱怨，幫助主管

一般下屬比自己有才華時都會受到主管的嫉妒，如果你想有一番作為，就要培養自己的胸襟，容忍和體諒主管的心態。最明智的方法就是假裝對主管的嫉妒一無所知，安心的工作，不但不對其作為進行報復，反而真正的幫助主管，使他進步，能力提升，做出成績來。

真誠有時可以澆滅主管心裡的妒火，有點內涵和素養的主管一定會對你的所為做出回應。

以惠抱怨，拉攏主管

主管一般情況下都是因為下屬得到了自己沒得到的東西對會對你嫉妒，所以，如果你有成績，一定要拿出來和主管分享，讓他感受到，如果繼續損害你的利益，就是在損害他自己的利益。

當然了，我們所說的施惠於主管，絕不是指向主管行賄，這裡所說的惠範圍很廣，除了包括實質性的東西，還包括名譽成績等，讓主管也得到好處，就會減少他對你的阻礙。

有一個幹部，愛好書法，在社會上也交了很多朋友，並被選為當地書法協會的副會長，名氣越來越大，應酬也越來越多，他的主管就說他不好好工作，還總故意刁難他，這個幹部非常苦惱，在苦惱之餘，他求助了一位長者，這位長者經驗非常豐富，給他指了一條明路。

於是幹部就按長者所說，邀請他的主管參加了一次書法協會的聚會，在聚會上，主管又認識了好多知名人士，接著幹部又把主管的女兒送到了書法培訓班，自己也經常對她進行指點教導，漸漸的，主管從中得到了好處，就不再像從前那樣說他了，相反，最後，他也加入了這個協會，得到了這裡更多的人際財富和社會資源。

▍安撫主管，對他表示尊重

主管嫉妒下屬時，很多時候是因為他覺得受到了下屬的威脅，下屬比自己有才華，業績比自己突出，在他眼裡都是一種威脅和挑戰，所以，他就會設法打擊和削弱自己的潛在對手，經常給下屬找麻煩出難題。

所以，下屬要想少惹麻煩就要讓主管安心，可以在公開的場合支持和尊重主管，有意的突出主管的業績，而對自己的成績則輕描淡寫，一帶而過，甚至可以分一部分功勞給主管，慣用的詞是「離不開主管的支持和幫助」「在主管的正確主管和帶領下」「沒有主管的關心，就沒有我今天的成績」雖然這些話非常俗，但是它的確能夠突出主管的權威，向主管表達自己的尊重，所以經久不衰，一直被延用至今。

一旦主管感到了自己的權威性，他的敵意就會減弱，這樣你的日子就好多了。

▌ 實施心理補償

由於人們心理上的平衡感被打破了，產生了失落感，於是，嫉妒感就產生了，針對這種發生機理，對主管施加心理暗示，進行心理補償，也能造成減輕主管的妒意，使他達到心理自我平衡的目的。

主管一定有他的過人之處，你要抓住這一點，表達自己的崇拜，從而使他產生一種滿足感，就會覺得自己這樣優秀，根本沒有理由去嫉妒一個下屬。

小李由於業績突出，在全公司的大會上受了表揚，出盡了風頭，引起了大家的關心，相比之下，他的主管就被冷落了。

散會後，主管嫉妒的拍著小李的肩膀，皮笑肉不笑的問：「感覺不錯吧？」

小李非常機靈的回答：「我從沒見過這麼大的場面，剛才緊張的我手心都捏出汗了，如果能像您每天在臺上講話時那麼鎮靜就好了，您有什麼祕訣啊？能不能教教我啊？」這時，主管心裡就放鬆多了，態度也恢復了正常。

在挫折中越戰越勇

挫折在人生旅途上難以避免，它們就像取經路上的一個個劫難一樣，時時來考驗著我們的誠心和勇氣，挫折是不可避免的，可重要的是我們應該如何面對它。有的人把它當作絆腳石，從心理上就把自己給打敗了，有的人卻把它當作墊腳石，踩過去，看到更美麗的天空，生命的成長不光要以挫折為伴，還要感謝它，因為是它激發了我們的雄心，磨練了我們的意志，成為我們前進的功力和成功的階梯。

愛迪生發明電燈的時候失敗了無數次，當他用到一千多種材料做燈絲仍然沒有成功時，助手對他說：「你已經失敗了一千多次了，成功真得太渺茫了，我看還是放棄吧！」但是愛迪生卻說：「到現在我的收穫還是不錯的，起碼我發現有一千多種材料不能做燈絲」。

最後，經過六千多次的實驗後，愛迪生終於成功地找到

第七章　巧妙應對職場中的意外

了最適合的材料，發明了電燈。

這就是大發明家愛迪生面對挫折的態度：挫折在他的眼裡同樣也是一種收穫，他失敗了一千次，但發現了一千種不能做燈絲的材料；失敗了六千次，就發現了六千種不能做燈絲的材料。這就是我的收穫，這是我在失敗和挫折中得到的「見識」。六千多次的挫折，這是一個多麼驚人的數字啊！可是請你試想一下，如果愛迪生在助手勸他停止實驗的時候就放棄了，人類很有可能到現在還在點油燈來照明。

有人曾為林肯做過統計，說他一生只成功過 3 次，但失敗過 35 次，不過第 3 次成功使他當上了美國總統。而最終使他得到或者說爭取到第三次成功的，完全是他的堅強。面對自己一生中的諸多挫折，林肯這樣說：「此路艱辛而泥濘，我一隻腳滑了一下，另一隻腳因而站不穩。但我緩口氣，告訴自己，這不過是滑一跤，並不是死去而爬不起來。」

林肯是美國最偉大的總統之一，但他更是一個從無數不幸、挫折中走出來的堅強的人。如果不是因為具有那種堅強面對挫折的精神，他就不會在經歷了如此多的打擊之後，還能進駐白宮。

1816 年，家人被趕出了居住的地方，他必須出去工作，以撫養他們。那一年他還不到 10 歲。

1818 年，母親去世。1831 年，經商失敗。

1832 年，競選州議員，但落選了，工作也丟了，想就讀法學院，但又進不去。

1833 年，他再次經商，但年底就破產了。接下來他花了 16 年的時間，才把欠債還清。

1834 年，再次競選州議員，這次命運垂青了他，他贏了！

1835 年，即將結婚時，未婚妻卻死了，因此他的心也碎了。

1836 年，精神完全崩潰的他，臥病在床 6 個月。

1840 年，爭取成為選舉人，但失敗了。

1843 年，參加國會大選，但落選了。

1846 年，再次參加國會大選，命運第二次垂青了他，他當選了！

1854 年，競選美國參議員，但落選了。

1856 年，在共和黨的全國代表大會上爭取副總統的提名，但得票不到 100 張。

1860 年，當選美國總統。

將挫折僅看成是自己滑了一跤，我們相信，只有林肯這樣的偉人才能說出這樣的豪言，而只有面對任何困難都堅強如林肯的人，才能像林肯那樣，在跌倒無數次後，登上金字塔的塔尖。

第七章　巧妙應對職場中的意外

　　一個小和尚剃度一年多了，住持卻仍讓他做行腳僧，每天風裡來雨裡去地外出化緣。這是寺裡最苦最累的差事，沒有任何人願意做這份工作。

　　一天，日上三竿，小和尚還沒有起來去化緣。住持非常奇怪，就推開小和尚的房門，結果見他正在床上呼呼大睡，床邊還堆了一大堆破破爛爛的鞋。住持叫醒小和尚問：「今天為何不外出化緣？」小和尚指著床邊的那堆破鞋，憤憤不平地說：「別人一年連一雙鞋都穿不破，我剛剃度一年多，就穿爛了這麼多鞋子。」住持一下就明白了小和尚的言外之意，微笑著說：「昨夜下了一場大雨，你隨我到寺前的路上看看吧。」

　　寺前是黃土小道，由於昨夜的一場大雨把路面弄得泥濘不堪。住持拍著小和尚的肩膀說：「你是願意做天天敲鐘的和尚，還是願意做能光大佛法的名僧？」「當然想做名僧了！」小和尚興奮地回答道。住持接著問：「你昨天是不是在這條路上走過？」小和尚回答：「當然。」住持接著又問：「你能找到自己的腳印嗎？」小和尚十分不解：「昨天這路又乾又硬，哪能找到自己的腳印？」

　　住持不再說話，邁步走進了泥濘裡。走了十幾步後停下了腳步問道：「你是否能找到我剛剛留下的腳印？」小和尚答道：「那當然能了。」住持聽後拍拍小和尚的肩膀說：「泥

濘的路上才能留下腳印，世上芸芸眾生莫不如此啊！那些一生不經歷風雨的人，就像一雙腳踩在又乾又硬的路上，什麼足跡也沒有留下。」小和尚頓時恍然大悟。

這個小和尚不是別人，正是人盡皆知的鑑真大師。

面臨挫折時，要以積極的態度去面對，將悲觀心態趕走，向挫折說聲「謝謝」。

從容面對壓力

無論你從事什麼樣的工作，都不可避免地會遇上各種各樣的壓力。比如：主管不支持你的研究專案；同事不願配合你，以致於耽誤了工作進度；你試圖主動承擔某項重要的任務，卻總是遭遇失敗；你幾經努力，剛開拓的市場卻因為市場不景氣而不得不放棄等等，這些都是每個職場人士都曾經歷過的。當面對壓力時，如何去調適，如何將壓力轉化為動力，是我們每個人不得不思考的問題。

面對工作中的各種壓力，你用怎樣的態度去對待它，主管就會用怎樣的態度來對待你。因為站在老闆的角度上考慮，他們希望聘用的員工不僅能夠面對各種工作壓力，而且還能在壓力下煥發出勃勃的生機，以飽滿的精神狀態和主動熱情的工作態度去挑戰壓力。如果你能在工作中表現出自己不但可以承受壓力，而且還歡迎壓力時，你將會得到老闆特

第七章　巧妙應對職場中的意外

別的青睞。

英國著名作家、演講家班傑明・迪斯雷利（Benjamin Disraeli）是在遭受了一系列的失敗打擊之後，才在文學領域取得了人生歷程的第一個成就。他的作品《阿爾羅伊的神奇傳說》和《革命的史詩》遭到了人們的譏笑和嘲諷，甚至還有人罵他是一個精神病患者，他的作品也被人們視為神經錯亂的表現。但他卻毫不氣餒，依然繼續堅持不懈地從事自己熱愛的文學創作，後來終於寫出了《康寧斯比》、《西比爾》、《坦康雷德》等優秀作品，深受讀者的喜愛。

迪斯雷利身為一個傑出的演說家，他在國會下議院的首次演講卻以失敗而告終，被人稱為「比阿德爾菲的滑稽劇還要厲害的尖銳叫嚷聲而已」。

面對自己那充滿學識的演說卻屢次遭到人們的冷嘲熱諷，迪斯雷利在苦惱之餘，舉起雙臂大聲向人們喊道：「我已多次嘗試過很多事情了，這些事情都是在你們的嘲諷下最終取得成功的。我堅信你們今天的嘲諷只會讓我更加努力，總有一天，當你們聽到我演說的時機會再次到來，到那時。也許該被嘲笑的是你們！」

事實也的確如此，這一天果然來了，最終，迪斯雷利在世界第一次紳士大會上用扣人心弦的演講，向人們證明了他的確是世界上最偉大的演講家。

　　迪斯雷利在成為作家和演講家之前，他做的每一件事幾乎都受到了人們的否定，但是，他沒有因為遇到壓力就放棄，而是把來自外界的壓力都轉化為工作的動力，最終取得了事業上的成功。

　　迪斯雷利在巨大的壓力面前所表現出來的堅強和勇氣，是很值得人們學習的。如果他當初在壓力面前退縮了，不敢再向壓力挑戰了，那麼他就不可能成為偉大的演說家和作家。

　　所以，面對壓力，我們應該勇敢地面對，並把它化作前進的動力。這樣，我們就能戰勝工作中的困難，從而完成那些看似不可能完成的任務。

　　下次，當你的銷售計畫得不到主管的支持時，你要做的不是放棄或抱怨，而是重新去做市場調查，去收集各方面的資訊，當你把一份完美的、有可行性的計畫交給老闆時，他會用讚美的語氣說：「做得好！年輕人。」當同事不配合你，導致耽誤了工作進度時，你要做的第一件事不是和他們斤斤計較或是報復，而是要先反省自己，檢討自己在合作專案上是不是表現得不夠好，是不是疏於和他們溝通⋯⋯

　　事實上，有壓力並不是什麼壞事，當你把壓力轉化為動力的時候，你就會發現：只有加倍努力地奮鬥，自動自發地工作，才能脫穎而出，才能獲取事業上的成功。

以堅強的意志來克服逆境

　　日本著名企業家松下幸之助曾經有這樣的感悟：雲朵的變化，就像人的心情，人的命運。人的心情也是天天都在變化，所以，人的際遇也在發生著變化，喜也罷，悲也罷，人生彷彿流雲，時時在發生變化，不做片刻的停留。

　　不管在工作中還是在學習中都難免會遇到挫折，這時我們一定要積極主動的尋找擺脫困境的辦法，還要堅信，沒有過不去的山，沒有過不去的水，總有雲開月明的時候。

　　磨難是煉獄，勇敢面對磨難的人一定可以衝出一條「血路」，向成功的彼岸衝去。「自古英雄多磨難，從來紈褲少偉男」，古今的很多人都是從厄運中踏上成功之路的。下面我們就列舉出一些磨難：

❖ **環境坎坷**：人的成長進步和周圍的小環境是分不開的，在任何一個時候，順利和坎坷都是並存的，有人的地方，就有先進和落後的分別，就有發憤進取的勇士，也有一些遇到困難就退縮的懦夫，古語就說：「木秀於林，風必摧之；堆高於岸，流必湍之；行高於人，眾必非之。」在現在的社會中，這種眾必非之的現象還是存在著，不管它因為什麼樣的原因，奮鬥者遇到世俗的偏見和同行的排斥時，甚至受人中傷、詆毀都是經常有的事情。

❖ **生活磨難**：很多人一生在生活上都是非常不順利的，屢遭挫折，像戀愛受挫、家庭不幸、經濟貧困等等。但他們在挫折面前，仍然屹立不倒，像堅韌不拔的勇士。

❖ **身患重病**：音樂大師貝多芬在耳聾之後曾經立下這樣的誓言「我將扼住命運的咽喉，它絕不能使我完全屈服。」正是有了這種堅如磐石、堪泣鬼神的戰鬥意志，才能使他登上了最高的藝術殿堂。盲聾女作家海倫・凱勒以病殘之軀撐起了事業的大廈，她曾經這樣吶喊：「假如能給我三天光明……」她用這樣的呼喚表達了身心障礙者對創造的渴望和對健康的期盼。身為身心障礙者在那樣艱難的條件下還能如此堅強不屈，更何況我們每一個健全的人呢？

有一位青年的幾句話感人至深，震撼著我們的心靈。他說：「不陶醉於幸運的降臨，不屈從於厄運的侵襲。運盛時多點警醒，運逆時多點從容。真誠地擁抱人生，每一天都要活得嶄新輝煌。」什麼樣的人生才有最大的價值，什麼樣的生命才最有素養？這是千千萬萬青年思考的問題。而這個青年才給了我們最好的答案。

❖ **突遇災變**：在人的一生中，有時會到重大的災難，或是遭受到毀滅性的打擊，甚至身體傷殘，生活艱難。但那些意志堅強者卻永遠不會被擊垮，他們艱辛地用自己的

第七章　巧妙應對職場中的意外

精神開拓著新的人生之路，繪製著催人淚下的生命長卷。我們平時讀英雄探寶的故事，著眼點並不在於他探到的寶物，而是在於他探寶的非凡經歷，在於他探寶的過程中驚心動魄的歷程。其實尋求過程本身就是一次精神的探寶、精神的長征，因為那些對過程不感興趣的人，永遠也不可能享受到生存的樂趣。

一個人如果在經歷了大災大難之後才能悟透人生的真諦、生命的內涵。「人生真正的道路是一條簡陋的繩索。如果你可以優雅地走在上面，那麼你要微笑，你要感謝生命給予你這麼多……就算你不幸被它絆倒了，那麼當你爬起來重新開始旅程時，你還是要始終如一地微笑，感激生命給了你這麼多……」

挫折、磨難是最偉大的老師。一個人在順境中是很難學到什麼東西的，但在失意時卻可以學到無盡的知識和經驗，在順利時不懂的道理，在逆境時就會想的更加明白和透徹，這樣你才能對自己做出一個正確的評價，才能認清自己的價值、能力。厄運正是成功之路上不可缺少的路標。

❖ **先天缺憾**：先天條件的缺憾，對你走向成功是非常不利的。但是有的人卻不怨天尤人、自暴自棄，而是會在精神上站立起來。人生在世就應不斷地超越缺憾、充實自

我、主宰人生，瀟灑地掌握生命之舟，用勞動或智慧的雙手去鑄成創造的鑰匙，把聚集著物質和精神財富寶庫的大門打開。

一個樂於同生活的磨難作戰並戰而勝之的人，是永遠令人欽敬的。

凡立大志、成大事者，無一不是飽經磨難、備嘗艱辛。逆境成就了「天將降大任」者。假如我們不想在逆境中沉淪，就要勇敢的面對逆境。只要我們可以用堅韌不拔的意志奮力奮鬥，就一定能衝出逆境。具體說來，我們要從以下幾個方面培養我們克服逆境的意志力：

❖ **相信逆境是上天恩賜的禮物**：上天賦予給我們生命，我們就有它存在的價值與目的，就算同時被附加了許多難以承受的苦難，在這樣的條件下，我們也能品嘗到甘甜與美好。就像科羅・帕格尼尼（Niccolò Paganini）一樣，除了以自己堅強的生命力展示獨特的音樂天分之外，更以難得的經歷創做出撼動人心的樂章。在身體殘缺者的身上或絕症患者的眼睛裡，我們能夠看到生命的活力，發現令人驚異的堅強毅力。

如果你期望自己可以有一個不平凡的生活，有一個精彩的人生，就不要害怕「困難」的到來，因為那些磨難正是你成就非凡人生的重要墊腳石。

❖ **在逆境中堅持到底**：如果通往成功的電梯壞了，那麼你就一步一步地走樓梯吧。只要有樓梯，哪怕是任何梯子或是繩子，只要它能讓你一步一步的往上爬，可以讓你一步一步走到終點，那麼就去做，在向目標挺進的時候，你千萬不要被別人的嘲笑嚇倒，別去理睬他們，繼續前進。如果你在途中遇上了任何麻煩，你就去面對它、解決它，然後收拾好心情繼續前進，這樣問題就會越來越少。同時，你解決了一個問題，其他問題有時也會自動消失。即使有許多問題，只要你堅持到底，一個接一個地解決問題，不操之過急，也不全都放棄，很快你就會發現自己有了很大的轉變，幹勁增強了，自信心也提升了。你會感到一種前所未有的快樂，你的工作也比過去做得更好，你的人際關係也會朝著好的方向轉變。你在一步步向上爬時，千萬別對自己說「不」，因為「不」會導致你決心動搖，從而跌下樓梯，前功盡棄。

❖ **逆境中成就自己**：失敗一點都不可怕，可怕的是失敗之後再也站不起來了。重新的了解自己，和那個沮喪的自己告別，用行動證明自己的存在，生命就有了一次新的開始。

❖ **改變自己，不放棄努力**：每個人的生活都是不一樣的，如果你覺得不能改變自己的環境和際遇，那麼就試著改變自己的心態吧。如果你的心態是積極的，那麼你的生活也是積極快樂的。如果你的心態是消極的，那麼你的生活也會是黯淡無光的。

總而言之，不論你採用什麼辦法，都需要嚴格鍛鍊自己的意志力，用堅韌、積極、樂觀的生活態度來面對不可避免的逆境與磨難，用不屈的意志戰勝逆境！

第七章　巧妙應對職場中的意外

第八章
退休前，為自己回歸家庭做準備

在退休之前，要讓自己逐漸走出職場，從心態和身體方面讓自己放鬆下來，為回歸家庭做準備。

第八章　退休前，為自己回歸家庭做準備

學會在忙碌中釋放自己

當你快要走進退休者的行列，你是不是該在仍舊緊張忙碌的生活中偶爾停下來想一想，自己有多久沒有陪家人出去玩了，幾十年的職場生涯，讓你漸漸失去了人生的目標，每天都在和時間賽跑，忙碌讓你食慾不振，缺少睡眠，心臟病、高血壓、神經衰弱。

同時，我們還淡漠了親情、友情，還丟掉了許多自己的樂趣，比如讀書、下棋、旅遊。

英國的一位中年作家這樣寫道：「雖然人類的身體並沒有發生變化，但現代人睡眠的時間卻越來越短了，睡眠品質也在下降，我們在年輕時應該這樣忙碌，但即將退休時，就應該把自己一點一點從這樣緊張的生活中解放出來，讓自己能為退休做好心理方面的準備。」

明朝陸紹珩說：在塵世中奔波忙碌，容易生病，只有病了，才能享受幾天清福，人生在世，要經常吟詩歌唱。有一位女士實在無法應付生活的忙碌緊張了，就去找身心科醫師，她把自己起床後的事情向醫生描述了一番，其中一件事就是整理床，醫生建議他兩週不要收拾床，她試了試，結果她感覺自己輕鬆了許多。

到臨退休時，把工作表劃掉一部分，給自己留下必須留的時間和空間，定時就餐，按時睡覺，有時間與朋友約會，

旅遊。

你要給自己要做的工作排個序，什麼事最重要，這樣才有助於你掌握正確的生活軌道，如果有哪些工作或活動與你的生活衝突，就把它劃去。

海外華僑商人大多人愛玩麻將，這對他們來說並不是賭博，而是一種嗜好，放鬆身心，他們雖然玩麻將卻玩的很有分寸，有節制，他們把打麻將純粹當成一種遊戲，讓自己在工作之餘能享樂一下，輕鬆一下。

給大家介紹幾種休閒的方法，既不枯燥無味，又有利於身心健康：

▍學琴書畫唱歌，延續年輕時的夢想

夕陽就要西下，公園的湖水在晚霞裡泛著金光，不經意間常有琴聲歌聲傳來。不遠處，幾位老人坐在休閒椅上拉著二胡，拉一會兒唱一會兒，唱的大多是人們熟悉的老歌。雖然老人們的姿勢談不上優美了、技藝也不精湛，但是他們那種怡然自得的神情和那健康的微笑，質樸而又飽經滄桑的歌聲，都吸引著過往者的腳步。

一位退休老人說：「快退休的前一年，我就在想退休後的日子該怎麼過呢，看見有的老人退休後每天都泡在茶館裡靠打牌來消磨無聊的日子，其實那樣是非常不利於身心健康的。想來想去，還是學琴書畫唱歌吧，這是我年輕時的夢

想。」於是他利用退休前的一年空閒的時間，常去社區大學聽聽課，偶爾去公園以琴會友，交了很多身手不凡的有同樣愛好的老年朋友。

▍學垂釣，物質精神雙豐收

「在垂釣中從來都不會感到疲倦，坐在座位上幾個小時都可以一動不動，也不會打瞌睡。日落收竿回到家，疲倦襲來，晚上又能睡一個好覺。」退休後的老張說，這就是退休空檔年生活的體驗留給他的財富，並且一點點的累積到了今天，不只讓他有了一個好的身體，還成就了他退休後豐富多彩的生活。

不管是柳宗元的「獨釣寒江雪」還是張志和的「斜風細雨不須歸」，詩境中都能看出垂釣的魅力。不懼嚴寒，不怕風雨，甚至連回家都忘了，還能有什麼憂愁呢。已經從管理職位上退下來 5 年的老鄭就是這樣的痴迷垂釣。「我從不喝酒不抽菸也不喜歡打牌，快退休的時候，我就思索著培養點嗜好。看著院子裡從前退下來的老同事很長一段時間調整不過來的苦悶相，心裡就很不是滋味，我要盡快的打算好以後的退休生活。要是真等到退了下來，在家還不得把我憋壞了。」在這一點上，老鄭臨退休的前兩年就做好了打算。

▍旅遊

　　或是夫妻或是與朋友結伴到高山、到大海、到景區旅遊，到那些環境優美、空氣清新、景緻宜人而從未去過的地方，讓美麗的大自然來淘治你的情操，淨化你的心靈，陶冶你的情操。最好別去自己去過的地方，以免觸景傷感。

▍要經常參加群體活動

　　如組織同學會、同事會、同鄉會等等，還能參加其他老年群眾組織，增加和人來往的機會。這裡特別值得一提的是，應該積極主動的和青少年來往，就是人們常說的「忘年交」，這會讓你增加活力，青春永駐。如果是精力充沛，能夠參加諸如老年志願者組織，開展一些助人為樂的公益活動更好。

　　美國的一個小鎮上，這裡的居民生活方式是這樣的，他們很少去做事，他們覺得如果你能自己分出一些閒暇，花上一小時或更短的時間什麼都不做，將會感到愉快和輕鬆，只要堅持做下去，就一定能感受到身心的放鬆。

　　英國一位臨退休的經理人這樣說：「當我脫掉外套時，我全部的重擔都卸下來了，」我們除了要利用休假、旅遊和娛樂外，在辦公室裡找到「脫外套」的方法，還可以體會一下大腦的思維和感受，許多真正的成功者，在他們臨退休的

日子裡都是忙裡偷閒的好手。

　　所以，我們要學會從緊張忙碌中把自己解放出來，給自己一個沒有煩惱和苦悶的環境，享受著休閒的樂趣，為美好的退休生活做足心理準備。

年輕時就應進行養老規畫

　　在人正值壯年的時候，會考慮養老的問題嗎？恐怕不會吧，工作時憑著一份穩定的工作可以過豐衣足食的生活，但是退休後呢？你有沒有想過，憑藉著退休金能不能過上現在的生活？恐怕大部分的人回答的都為不是。

　　對於上班族來說，人生不同時期的理財需求和理財目標都不一樣，其中養老規畫是理財工作中特別重要的一個環節，在理財規畫中排在首位。有些三十多歲的年輕上班族都沒有去考慮一下養老的問題，但你應該能夠清醒地了解到，未來的養老金收入是絕對不能滿足我們的全部生活所需的。退休後如果想保持年輕時的生活水準，除基本的社會保障之外還要給自己籌備一大筆資金。也就是說，養老規畫越早越好，這樣的話就可以讓我們以較少的投入來換取退休後高品質的生活，同時也可以規避漫長人生歷程中的各種風險。

　　總而言之，如果你想在老年時期能過上安逸幸福的生活，上班族就必須要早作打算，等到年老體弱臨退何時再考

慮恐怕已經來不及了。那麼，我們應如何為自己進行養老規畫呢？

進行養老規畫就像登山一樣，如果 25 歲就開始進行養老規畫，不覺得有負擔沉重；如果 40 歲才開始進行養老規畫，也許就會覺得有些吃力了，大汗淋漓才能登上頂峰；當然了，假如到 50 歲才開始規畫，恐怕會更加吃力，才能登上頂峰。

上班族也可以專門建立一個養老帳戶，每月拿出一定比例的薪資存到這個帳戶上去，如每月 3,000 元或者 6,000 元，就像複利的神奇作用，久而久之，收益就非常可觀了。當然也可以採取定期定額購買基金的方法，回報要比儲蓄高一些。

制定理財方案

我們平時說的理財其實從某種意義上說並不只是個人或是家庭財產的規畫和管理，它也是一種對於生活態度和生活方式的規畫，這二者是密不可分的，如果你把自己的人生態度和生活方式有一個很好的規畫和設計，那麼你的理財也就會變得非常得心應手。

上班族最可靠的養老金累積來源肯定就是薪資了。在進行薪資累積的同時，最好再進行一些聰明投資，像基金、債

券、股票等。如果貨幣市場基金按平均年收益率 2% 預測，如果每月定期定額投資 1,500 元，30 年之後便可獲得本利 70 多萬元。

但是因為種種原因，有些上班族沒有做到聰明投資，退休之前雖然擁有了房產，但卻沒有足夠的養老金。

因此，上班族若想晚年生活得到保障，就必須準確的計算自己每月應儲備的養老金與退休後每月領取的養老金。

▌左手開源，右手節流

所謂「開源」，就是要透過各種方式提升個人的收入水準，達到收支平衡、財務自由的目的，使自己的生活品質從根本上得到改善；「節流」指的是盡量壓縮不必要的花費，從而使收支平衡。左手開源，右手節流，兩個方面相結合，是一個不錯的理財計畫。

在所有的投資工具中，股票幾乎可以說是報酬率最高的了，正是因為收益高，所以我們經常看到很多白髮蒼蒼的老人在炒股，但是根據收益和風險正相關原則，股票收益高，同時也伴隨著很大的風險，很多老年人退休後炒股是越炒越虧，甚至把自己養老的錢都賠進去了，所以炒股時心態是非常重要的。而對那些手頭有很多閒錢的抗風險能力較高的老年朋友們來說，如果對股票投資有興趣而且具備相對的分析

和掌握能力也可以適當的進行股票投資。％

　　再說一下節流，現在在許多上班族中流行著一種享樂的消費觀念。他們的口號是「賺多少花多少」，每月的收入全都用來消費和享受。每到月底銀行帳戶基本處於「零狀態」，最後成為「月光族」。

　　這類花錢太隨意，一到月底所剩無幾的上班族來說，若想擺脫這種生活狀態，就要從開源、節流兩個方面開始理財。具體來說，上班族可以從以下幾個方面開始入手，真正做到「開源節流」。

❖ **樹立投資意識**：投資是增值的最好的途徑，因此月光族在消費的同時也要形成很好的投資意識。在條件允許的情況下，可以根據自身的特點和具體情況進行投資，如股票、基金、債券等都是可以的。這樣做不只能讓我們的資金「分流」，還能克制揮霍無度的消費不良習慣。值得注意的是，開始時由於經驗不足，盡量小額投資，以降低投資風險。

❖ **找一份兼職工作**：在不影響本職工作的前提條件下，我們可以根據自身的實際情況找一份兼職，這樣不僅能夠增加家庭收入，還能提升自己的工作能力。如，英語老師可以做補習班或者兼職翻譯、導遊、家教、線上教學等。

❖ **網路開店**：網路使我們的生活發生了巨大的改變，也給我們提供了許多賺錢的方法。網絡賺錢和傳統賺錢模式不一樣，具有風險小、方式靈活等特點。所以，上班族可以根據自己的實際情況在網上開店，如服裝店、化妝品店、飾品店等。需要注意的是，在開店之前，一定要選好適合自己的產品，找到品質可靠的供貨商。

❖ **合理計畫開支**：每月的薪資發下來後，第一就是要做好理財的計畫，比如說哪些地方需要支出，哪些地方需要節省等。做到每月把薪資的 1/3 或 1/4 固定納入個人儲蓄計畫之中，可考慮辦理零存整付。就現在看來，儲額雖然只是薪資中的很小一部分，但若能夠長期堅持下去，一年後個人帳戶中就會有不小一筆資金。這筆儲金可以用在生活中的各個方面，如添置電腦、液晶電視等大積材物品，用於個人「充電」學習及旅遊等費用支出。

❖ **學會自我克制，提升購物藝術**：很多年輕上班族都喜歡到購物網站或逛街購物，但往往很難控制自己的消費慾望。就因為這樣，我們在逛街之前就要先想好準備購買哪些商品，大約花多少錢，可以不要帶太多現金，消費時也不要隨意刷卡。此外還要學會貨比三家，討價還價。從表面上看，這樣做好像有點小氣，其實是一種成熟的消費經驗。

❖ **盡量少參與抽獎活動**：各種有獎促銷、樂透、抽獎等活動，非常刺激人的僥倖意識，讓人不自覺地產生「賭博」的心理，使自己的花錢慾望逐漸高漲。這些抽獎活動，看起來好像是有利可圖，其實只是商家的一種賺錢方法而已，只會掏盡我們腰包裡的錢，所以要盡量少參與這些抽獎活動。

❖ **不可過度玩樂**：很多年輕的上班族交際圈子非常廣，他們喜歡聚在一起玩樂，這樣一來就會支出大筆金錢。從某種程度上來說，適當地玩樂和交際是應該的，但凡事都要有個尺度。工作之餘，千萬不要將大把時間浪費在太多娛樂。玩樂的時間久了，不僅會讓你喪失鬥志，而且會讓我們錢包裡的錢越來越少。如果實在沒什麼事情可做，可以在業餘時間透過參加各種課程或證照，培養和發掘自己其他方面的特長、愛好，從而提升自身素養。

強制儲蓄讓你積少成多

一名老婦人是卡內基的朋友，有一天，她把卡內基找來家中，請求他為自己辦點事。

卡內基隨著老婦人進到密室，老婦人彎腰從床底下拖出一個皮箱。開了皮箱的鎖，掀開蓋子，這是滿滿一箱嶄新的鈔票！

第八章　退休前，為自己回歸家庭做準備

老婦人說：「這是我先生留給我的錢，一共是 10 萬美元，全是 50 元一張的鈔票，一共應該是 2,000 張。可是，我昨天數來數去，就只有 1,999 張。我請你來，是想請你幫我數一數。」

忙了老半天，鈔票終於數完了，正好是 2,000 張，10 萬美元。卡內基抹了抹額頭上的汗，說：「您這麼一大筆錢，為什麼不存到銀行呢？存到銀行裡，不必擔心會少了一張或幾張，既安全，又有利息。」

老婦人心動了，說：「就委託你去幫我存吧！」

沒過兩天，老婦人又把卡內基請了過去。她拿著那本存摺說：「卡內基先生，這張輕飄飄的存摺，我心裡怎麼也不安心。我看不到我的錢，就覺得好像沒有了似的。以前我每天都要把那 10 萬美元現鈔數上一遍，兩天沒數錢，我更不安心了！卡內基先生，再勞駕你一次，你馬上就去銀行把現金領出來給我吧！」

卡內基無可奈何，只好照辦了。

老婦人的做法其實是可笑的，如果那筆錢一直存在她的密室裡。那錢就永遠也不會增加，活錢變成了死錢，就像死水一樣，根本不會產生任何收益，甚至可能會遭到蟲蛀、遭小偷。儲蓄是指存款人在保留資金或貨幣所有權的條件下，把使用權暫時轉讓給銀行或其他金融機構，這是最基本也最重要的金融行為或活動。

　　儲蓄是把小錢逐漸湊成大錢，許多上班族都覺得儲蓄是最簡單的事，只要把多餘的錢都存起來，這樣小錢就會成了大錢的，但如果沒有多餘的錢的人應該怎樣儲蓄呢？面對這種情況可以進強制儲蓄，這樣可以透過制度化的方法對你的金錢進行儲蓄，積少成多。

　　老張在一家外商工作，每個月薪資五萬塊，收入算是不錯了，可以他今年已經四十歲了，再過二十幾年就要退休了，絕不能再像從前一樣手裡有錢就花，沒錢就省的過日子了，得為以後的退休生活做好充分的準備。

　　於是他開始進行有計畫的消費，根據自己的收入情況結合當前市場利率狀況，他為自己制訂了一套強制儲蓄方案，就是階梯式組合儲蓄法，每個月領到薪資的第一件事就是往銀行存一萬塊錢，他存的是一年的定存，這樣的話，從第十三個月開始，每月就有一筆錢是到期的，如果他不打算提取，還可以提前和銀行約定自動把它定存成兩年或三年的定存，這樣就可以強制把自己的錢儲蓄起來了。

　　這樣堅持了五年，老張粗略的算了一下，他的帳戶上已經有了將近 60 萬的存款了。

　　很多人的理財都是從儲蓄開始的，對於上班族來說，如果每個月的節餘不多，就更應該進行強制儲蓄，這樣才會給自己未來的生活做好保障工作。對於那些欠缺合理理財

計畫的上班族來說，可以用以下幾種方法來對自己進行強制儲蓄：

❖ **持之以恆**：「強制儲蓄」是需要毅力的，貴在堅持，就是要強迫自己把每個月的收入一部分存入銀行。

❖ **改變存款觀念**：「強制儲蓄」需要你改掉以前那種先花錢，然後有多餘的錢再存的習慣，改成先存錢再把餘錢當做日常生活的習慣，這樣才能真正把錢存下來。

❖ **估算儲蓄金額**：因為每個人或家庭情況都在差異，所以最好先計算一下自己每個月的基本生活費用，然後再用收入減去這些支出，剩下的就都提前存起來。

電子書購買

國家圖書館出版品預行編目資料

職場不能「活在當下」：怎麼成為就業市場需
要的人才？哪種行業是夕陽產業？擺脫社會小
白的想法，你該懂的「職」識！/ 戴譯凡，廖
康強著 . -- 第一版 . -- 臺北市：財經錢線文化事
業有限公司 , 2023.04
面 ； 公分
POD 版
ISBN 978-957-680-612-4(平裝)
1.CST: 職場成功法
494.35   112002898

職場不能「活在當下」：怎麼成為就業市場
需要的人才？哪種行業是夕陽產業？擺脫社
會小白的想法，你該懂的「職」識！

臉書

作　　　者：戴譯凡，廖康強
發 行 人：黃振庭
出 版 者：財經錢線文化事業有限公司
發 行 者：財經錢線文化事業有限公司
E - m a i l：sonbookservice@gmail.com
粉 絲 頁：https://www.facebook.com/sonbookss/
網　　　址：https://sonbook.net/
地　　　址：台北市中正區重慶南路一段六十一號八樓 815 室
Rm. 815, 8F., No.61, Sec. 1, Chongqing S. Rd., Zhongzheng Dist., Taipei City 100,
Taiwan
電　　　話：(02) 2370-3310　　　傳　　　真：(02) 2388-1990
印　　　刷：京峯彩色印刷有限公司（京峰數位）
律師顧問：廣華律師事務所 張珮琦律師

定　　　價：420 元
發行日期：2023 年 04 月第一版
◎本書以 POD 印製